木工活的
巧算与画线

戎建华　著

浙江科学技术出版社

图书在版编目(CIP)数据

木工活的巧算和画线 / 戎建华著. -- 杭州 ：浙江
科学技术出版社，2023.2
　ISBN 978-7-5739-0343-3

　Ⅰ．①木… Ⅱ．①戎… Ⅲ．①建筑施工－木工 Ⅳ.
①TU759.1
　中国版本图书馆CIP数据核字(2022)第213814号

书　　名	木工活的巧算与画线		
著　　者	戎建华		

出版发行	**浙江科学技术出版社**		
	杭州市体育场路347号　邮政编码：310006		
	办公室电话：0571-85176593		
	销售部电话：0571-85176040		
	网址：www.zkpress.com		
	E-mail：zkpress@zkpress.com		
排　　版	杭州万方图书有限公司		
印　　刷	杭州宏雅印刷有限公司		
开　　本	880×1230　1/32	**印　　张**	7.125
字　　数	166 000		
版　　次	2023年2月第1版	**印　　次**	2023年2月第1次印刷
书　　号	ISBN 978-7-5739-0343-3	**定　　价**	56.00元

责任编辑　徐　岩		**责任校对**　张　宁	
责任美编　金　晖		**责任印务**　叶文炀	

　　花甲之年，本应安闲轻松点，可我就这么个脾气，认准的事非要追根刨底。年轻时经历过"文化大革命"，虽然后来自学了一些专业知识，但肚里有多少墨水自己心里有数，在本书中没有华丽的词汇，全是大实话。

　　1971年我中学毕业后，无法继续升学读书，父母亲希望我有一技之长，让我拜师学木匠，学的是小木。拜师后的前三个月里，师傅只叫我做一些基础活，刨料、锯料、打榫眼，每一件活都按照师傅画好的线而作业。当时的我，觉得师傅画线是那么的神秘。在一次跟师傅的谈话中，我问师傅做木匠什么活最难。师傅笑笑说，产品的造型最难。当时我一头雾水，原以为师傅会说计算和画线，不过后来想想，也对，师傅是从宏观上讲，而我纠结于细节。那次谈话之后，解开计算和画线问题成为我的一个心结，在之后的日子里，我一直在思索这个问题的答案。

　　1979年一次偶然的机会，我在新华书店看到了李瑞环师傅撰写的《木工简易计算法》一书。我如获至宝，看了不知多少遍，终于找到了一直困扰于心的问题的计算方法——"坡度和三角形边长的计算方法"。在接下来的操作实践中，每当我遇到有关直角三角形的木工活，只要按照书上的方法就能轻而易举地计算和画线下料了。

后来，在一次做靠背 K 字形椅子时，问题又来了，如何在计算后画线下料、拼接装配一次成功，而不用放大样做？这可把我难倒了，因为做这样的椅子要做多个斜档，没法按直角三角形处理，也就没法照搬书中的方法，需要另外找办法。可不可以利用角度直接画线下料呢？该怎样操作？另外在斜三角形中，能否也找到一种简易计算方法？实际作业中，涉及三角形的木工产品很多，大到房屋建筑，小到三角壁架、农具等，如果在做这些活时都能通过计算下料，不用或者少用放大样，那么可以节省很多时间和材料。从计算的角度讲，对于长方形、正方形，只要知道尺寸就可画线下料。而梯形、正多边形、圆形、弧形、椭圆等都以三角形为基础，把三角形的活搞通了，其他几种类型就容易解决了。我当时一直在思考两个问题：一是能否有一把尺，既可以按坡度画线，同时也可以按角度画线，也就是，能否在画斜线时弄清角与坡度的对应关系？二是对于任意三角形，能否找到一种较为简易的计算方法，可以通过简单计算后直接知道它的下料长度，然后搭尺画线？

　　带着这两个问题，我一直探索了很多年。在总结实践经验的基础上，我试着通过计算推导和验证，进行任意三角形的计算，弄清任意角度与坡度的关系，编制"坡度系数表""角度、坡度、坡度系数对查表""正多边形用表""圆弧分级拱高系数表""圆弧半径系数表""圆弧拱高系数表""圆弧拱高坐标系数表""椭圆系数表"。在这个过程中，我遇到了很多困难，也曾几度放弃。后来，在木工师傅们的鼓励下，我决定坚持下去，抓住业余的点滴时间进行计算、记录与总结。功夫不负有心人，经过前后三十几年，现在终于成功搭建了这座"桥"，能为广大的木工师傅提供一点帮助，也算了却了我的心愿。

关于三角构件长度计算以及其节点的画线坡度的计算方法，是本书的重点。本书详细介绍了任意三角形的计算与画线。为了便于广大木工师傅尽快掌握和运用，我把相关数学计算进行归纳、推导，把它简化成公式，不能简化的制成表，叙述中尽量按照木工的传统习惯，只保留几个英文字母作为代号，把复杂的数学运算简化成易懂的加、减、乘、除的运算方法。掌握了这样的计算方法，就可以对任何类型三角构件的木工活在计算后，直接确定它的下料长度和画线坡度。

本书的第一至八章和第十章讲解了计算方法，在实际工作中，木工师傅们在需要的时候只要查找附录中相关表格的数据直接使用即可。随着计算机和手机的普及，我把复杂的运算过程进行了编程，设计了分别在计算机和手机上使用的小程序，并在本书第九章介绍了使用方法。

在阅读本书内容之前，这里先做以下说明：

（1）本书在木工画线中引用角度的概念，把木工活中的坡度跟角度联系起来，给出了大于90°的角的坡度的定义、它的画线要求。

（2）第三章中介绍的坡度标角尺，跟木工的画线角尺（搭方尺）有所不同，表现为坡度与角度互为对应，既可以按坡度画线，也可以按角度画线，操作便捷。

（3）本书命名了交角、互角两种拼接方式，介绍了它们的相互关系及拼接画线方法。

（4）本书中介绍的很多计算公式是我在几十年大量计算、研究基础上总结出的，经过反复验算、实践，证明是成立的，可以拿来直接使用。

知其然，更要知其所以然。木工计算和画线方法上的技巧，不能只靠师徒间的点滴传授，我希望这一方法可用文字和数据保留下来，在同行中传承和发扬，并不断被提高。这也是我的初心。

在本书即将定稿之际，两位与我相处了三十几年的朋友，问我是否可以帮忙解决板凳画线问题，以减轻他们的劳动强度。虽然我年事已高，精力有限，但我还是想了却他们的心愿，于是就有了本书的最后一章"圆木的计算和画线"，希望能帮到广大的圆木师傅。

本书是我在生产实践中通过逐步积累、及时总结、多次修改后，最终编写而成的。首先感谢专业人士给我提出的意见和建议，感谢木工师傅的实践和验证，还要感谢促成本书出版、一路走来所有为我提供帮助的同志们。书中存在许多不完善之处，希望广大读者指正，同时也希望得到木工师傅的检验，把实践中发现的问题告诉我，以便进一步改进和提高。

戎建华

2022年10月

目 录
MU LU

第一章
直角三角形度数与坡度的关系

在通常的木工活中，人们对角度特别是直角三角形中的角度，了解得比较清楚，但涉及坡度时，理解起来就比较困难。实际上角度与坡度联系紧密，掌握它们之间的关系，是木工活计算及画线的一个重要环节。

第一节　坡度

什么是坡度？我们对照图1-1说明。在一般的定义中，坡度是指坡面的陡峭程度，通常用坡面的垂直高度与水平方向的距离之比来表示。在木工的实际工作中，我们习惯把直角木构件中角的坡度定义为这个角的邻边与对边之比，用公式表示：坡度$=\dfrac{\text{邻边}}{\text{对边}}$。

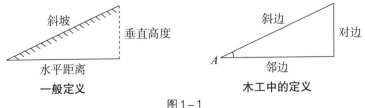

图1-1

1

在长期的生产实践中，广大木工师傅习惯上把坡度称为斜度、发度，计算大小时常说加几发几。现在本书统一称为坡度，在计算方面本书所讲方法比原来简单，这是因为我们找到了其中的规律和比值原理。

实际工作中，只要知道直角三角形中一角的坡度和一边长度，就可求其他各边的长度。在这种情况下，另一角的坡度可以不用考虑。但我们求画线坡度时，了解了两角坡度的关系，会更便利，所以本章将探讨两角坡度的相应关系及计算方法。

第二节　求∠A坡度与∠B坡度

在直角三角形中，直角为90°，根据内角和关系，其他两个角之和也为90°。当这两个角在90°范围内变化时，三角形的形状也随着变化。在木工活里，为了分清这两个角的坡度、位置关系，我们把45°以下的角定为A角，记作∠A，45°以上的角定为B角，记作∠B。它们的坡度，就分别叫作∠A坡度、∠B坡度。

如图1-2，根据直角三角形中各角的大小，我们确定A角、B角、C角，即∠A、∠B、∠C。∠A的对边是小边，邻边记为大边。根据坡度公式：坡度＝邻边÷对边，可以得到，∠A坡度就是大边除以小边，∠B坡度就是小边除以大边，用公式表示：

$$∠A坡度＝大边÷小边，∠B坡度＝小边÷大边$$

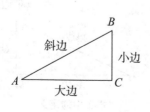
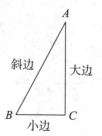

图1-2

对较大的 B 角来说，小边也始终是 $\angle B$ 的邻边，大边是它的对边。这些角与边的名称，是本书中对直角三角形的特殊规定。

【**例1**】如图1-3，在三角形 ABC 中，$\angle C$ 是直角，两条直角边的边长分别为800、400，试求 $\angle A$ 坡度与 $\angle B$ 坡度。

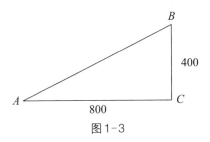

图1-3

解：由图1-3可知，大边长为800，小边长为400。

（1）先求 $\angle A$ 坡度。

由 $\angle A$ 坡度＝大边÷小边，将数字代入，得 $\angle A$ 坡度＝ $800 \div 400 = 2$。

为了木工操作的便利，常把坡度化成百分数，用符号"%"来表示。

所以 $\angle A$ 坡度＝ $2 \times 100\% = 200\%$，读作百分之二百。

（2）求 $\angle B$ 坡度。

由 $\angle B$ 坡度＝小边÷大边，将数字代入，得 $\angle B$ 坡度＝ $400 \div 800 = 0.5 = 50\%$，读作百分之五十。

所以该三角形中，$\angle A$ 坡度为 200%，$\angle B$ 坡度为 50%。

第三节　$\angle A$ 坡度与 $\angle B$ 坡度的相互关系

通过上一节，我们知道，在直角三角形中，已知大边和小边长度，就可以分别求出两角的坡度。但在实际操作中，常常不完全知道两条直角边的长度，或者只知道一个角的坡度，那如何求另一个角的坡度？

由 $\angle A$ 坡度 $= \dfrac{大边}{小边}$，$\angle B$ 坡度 $= \dfrac{小边}{大边}$，我们可以得到：在直角三角形中，$\angle A$ 坡度乘以 $\angle B$ 坡度的乘积等于1。

坡度定理（一）

　$\angle A$ 坡度 $\times \angle B$ 坡度 $= 1$

变换一下形式，可得：$\angle A$ 坡度 $= 1 \div \angle B$ 坡度，$\angle B$ 坡度 $= 1 \div \angle A$ 坡度。

【例2】如图1-4，在直角三角形 ABC 中，已知 $\angle B$ 坡度为40%，求 $\angle A$ 坡度。

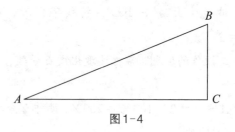

图1-4

解：由 $\angle A$ 坡度 $= 1 \div \angle B$ 坡度，将数字代入，得 $\angle A$ 坡度 $= 1 \div 40\% = 250\%$。

在上面的例子中，已知 $\angle B$ 坡度，求得了 $\angle A$ 坡度，同理，如果知道 $\angle A$ 坡度，那么根据 $\angle B$ 坡度 $= 1 \div \angle A$ 坡度，也可以求得 $\angle B$ 坡度。

第四节　已知角的度数求坡度

在实际工作中，如果用角的度数来确定画线坡度，会很不方便，也很不实用，一般我们借用两角的坡度来确定。当木工师傅做八仙桌的对角榫时，他们就需要确定各个角对应的坡度值。角的度数为45°，坡度为100%。但在三角结构中，角的度数小于45°或大于45°时，画线坡度又该怎样确定呢？

为了便于掌握和应用，现在我们把角度和对应的坡度制成"角度、坡度、坡度系数对查表"，即附录表一和表二，对于0°～90°范围的角，我们都可以在表中查到其对应的坡度值。

如图1-5①，当直角三角形中的一个角为50°时，通过查附录表二，得坡度值为83.91%；在图1-5②中，角的度数为30°时，通过查附录表二，得坡度值为173.21%。

由此可见，当角的度数增大时，它的坡度值反而减小；当角的度数减小时，它的坡度值反而增大。通过查附录表一和表二，当知道角的度数时，我们可以很方便地查到它的坡度值；反过来，已知坡度值，也可以通过查表查到对应的角的度数。

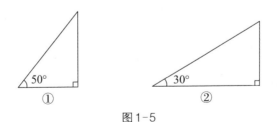

图1-5

第二章
直角三角形三边长度的计算方法

在木工生产上，需要计算三角形边长的活足有几十种。如：屋架，楼梯，预制模型，桌、椅、板凳等家具，风车、犁耙等农具。本章介绍了直角三角形三边长度的计算方法，以帮助木工师傅在实际工作中能减少传统的放大样作业。

第一节　求小边长度

在直角三角形中，两个锐角的坡度乘积为1，那么在直角三角形三边长度的计算上，不需要同时知道两个角的坡度值，习惯上，只要记住超过45°的 B 角的坡度公式就可以了。

在直角三角形中，根据∠B坡度＝小边÷大边，移项，可得求小边公式：

$$小边＝大边×∠B坡度$$

如果只知道∠A坡度的值，在求小边长度时，我们可根据两角坡度的相互关系，先求得∠B坡度，再代入公式求出小边的长度。

【例1】如图2-1，在△ABC中，已知大边长120厘米，∠B坡度为55%，求小边的长度。

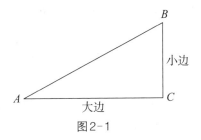

图2-1

解：根据求小边公式：小边＝大边×∠B坡度，将已知代入，得小边＝120×55%＝66（厘米）。

【例2】图2-2是一个等腰梯形框架的轴线图。已知它的上底长40厘米，框架长100厘米，∠B坡度为20%，求下底DB的长度。

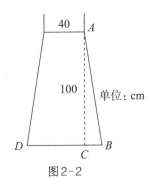

图2-2

解：(1)先求小边CB长度。

根据图2-2，我们知道框架长100厘米，也就是直角三角形ABC的大边长度，∠B坡度是20%。

根据小边＝大边×∠B坡度，将数值代入，得小边CB＝100×20%＝20（厘米）。

（2）求下底 DB 的长度。

因为下底长度等于上底长度加两倍的三角形小边 CB 的长度，将数值代入，得下底 $DB = 40 + 20 \times 2 = 80$（厘米）。

第二节　求大边长度

同样地，当知道小边长度和 $\angle B$ 坡度，求大边长度时，根据 $\angle B$ 坡度＝小边÷大边，移项，可得求大边公式：

$$大边＝小边÷\angle B坡度$$

【例3】如图2-3，在直角三角形 ABC 中，已知小边长40厘米，$\angle A$ 坡度为150%，求大边长度。

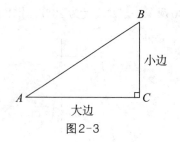

图2-3

解：（1）先求 $\angle B$ 坡度。

根据 $\angle B$ 坡度＝1÷ $\angle A$ 坡度，将数值代入，得 $\angle B$ 坡度＝$1 \div 150\% = 66.67\%$。

（2）求大边长度。

根据大边＝小边÷ $\angle B$ 坡度，将数值代入，得大边＝$40 \div 66.67\% = 60$（厘米）。

【例4】图2-4是一个用砖砌的烟囱的截面图，其尺寸已在图中标注。已知 $\angle B$ 坡度为2%，求当上口直径砌到300厘米处时，上口离烟囱底脚的距离。

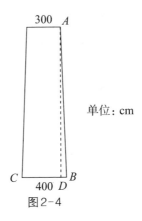

图2-4

解： 根据图2-4，所求距离就是直角三角形ABD的大边AD。我们知道，三角形小边DB的长等于下底减上底，再除以2，代入数值，得小边DB＝（400－300）÷2＝50（厘米）。

根据大边＝小边÷∠B坡度，将数值代入，得大边＝50÷2%＝2500（厘米）。

第三节　求斜边长度

什么叫坡度系数？在直角三角形中，我们将坡度系数定义为斜边与垂直边（大边或小边）的比值。如图2-5，在直角三角形ABC中，两个锐角分别为∠A和∠B，我们定义∠A的坡度系数为$\dfrac{斜边}{小边}$，∠B的坡度系数为$\dfrac{斜边}{大边}$。

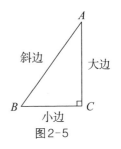

图2-5

由此，我们得到求斜边公式：

$$斜边＝大边×∠B坡度系数$$

根据坡度系数的定义，我们可以推导出：坡度系数随着坡度的变化而变化，坡度数值越大，坡度系数也越大；坡度数值越小，坡度系数也越小。

为了简化计算，我把各坡度对应的坡度系数编制成"坡度系数表"，即附录表三，表中对常用的1%～300%的坡度，给出了相应的坡度系数，该表可以查阅保留两位小数的坡度的坡度系数。

由"求斜边公式"可以看出，在直角三角形中求斜边时，可以分为以下几步：

（1）根据大边和小边数值求出坡度。

（2）根据坡度，在"坡度系数表"中查出坡度系数。

（3）将大边和坡度系数代入求斜边公式。

【例5】如图2-6，在直角三角形*ABC*中，大边为800厘米，小边为400厘米，求斜边长度。

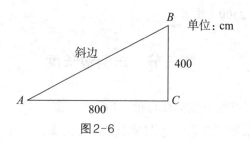

图2-6

解：（1）先求∠*B*坡度。

根据∠*B*坡度＝小边÷大边，将数值代入，得∠*B*坡度＝$400 \div 800 = 0.5 = 50\%$。

（2）从"坡度系数表"中查出，当坡度为50%时，坡度系数为1.1180。

（3）求斜边长度。

根据斜边＝大边×∠*B*坡度系数，将数值代入，得斜边＝

$800 \times 1.1180 = 894.40$（厘米）。

【例6】图2-7是半桁屋架示意图。已知间节距为200厘米，$\angle D$坡度为48%，$\angle E$坡度为97%，求斜杆1、斜杆2的长度。

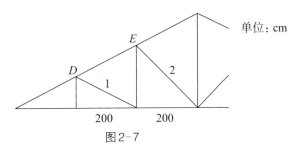

单位：cm

图2-7

解：根据图2-7可以看出，间节距就是所求的这两个三角形的大边，斜杆1、斜杆2分别是两个三角形的斜边。

（1）先计算斜杆1的长度。

①查坡度系数。

当$\angle D$坡度为48%时，从附录表三中查得其坡度系数为1.1092。

②计算斜边长度。

根据斜边＝大边×$\angle D$坡度系数，将数值代入，得斜边＝$200 \times 1.1092 = 221.84$（厘米）。

（2）计算斜杆2的长度。

①先查坡度系数。

当$\angle E$的坡度为97%时，从附录表三中查得其坡度系数为1.3932。

②计算斜边长度。

根据斜边＝大边×$\angle E$坡度系数，将数值代入，得斜边＝$200 \times 1.3932 = 278.64$（厘米）。

第四节　特殊条件的直角三角形计算方法

一、已知大边长度和∠B度数，求斜边长度

【例7】如图2-8，在直角三角形ABC中，已知∠B的度数为53°08′，大边长度为40厘米，求斜边长度。

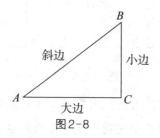

图2-8

解：（1）先求∠B坡度系数。

当∠B为53°08′时，查附录表二得∠B坡度系数为1.2500。

（2）求斜边长度。

根据斜边＝大边×∠B坡度系数，将数值代入，得斜边＝40×1.2500＝50（厘米）。

二、已知∠A坡度系数，求∠B坡度系数

我们知道，在直角三角形ABC中，∠A坡度与∠B坡度的乘积为1。为了搭尺画线和计算上的方便，需要在已知一个角的坡度系数的情况下，求另一个角的坡度系数。根据计算和推导可以得出它们的关系：∠A坡度系数除以∠A坡度，就是∠B坡度系数，∠B坡度系数除以∠B坡度，就是∠A坡度系数，写成公式，即：

∠A坡度系数＝∠B坡度系数÷∠B坡度

∠B坡度系数＝∠A坡度系数÷∠A坡度

【**例8**】如图2-9，在直角三角形 ABC 中，已知 $\angle A$ 坡度系数为 2.236，求 $\angle B$ 坡度系数。

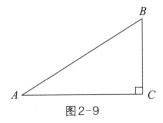

图2-9

解：（1）先求 $\angle A$ 坡度。

当 $\angle A$ 坡度系数为2.236时，查附录表三得 $\angle A$ 坡度为2。

（2）求 $\angle B$ 坡度系数。

根据 $\angle B$ 坡度系数 $=\angle A$ 坡度系数 $\div\angle A$ 坡度，将数值代入，得 $\angle B$ 坡度系数 $=2.236\div2=1.118$。

三、已知大边长度和 $\angle A$ 坡度系数，求斜边长度

【**例9**】如图2-10，在直角三角形 ABC 中，已知大边长度为45厘米，$\angle A$ 坡度系数为1.5557，求斜边长度。

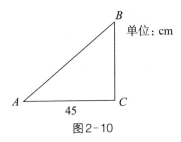

单位：cm

图2-10

解：（1）先求 $\angle A$ 坡度。

当 $\angle A$ 坡度系数为1.5557时，查得附录表三对应的 $\angle A$ 坡度为1.1917（在计算中，坡度不必用百分比表示）。

（2）求 $\angle B$ 坡度系数。

根据∠B坡度系数＝∠A坡度系数÷∠A坡度，将数值代入，得∠B坡度系数＝1.5557÷1.1917≈1.3054。

（3）求斜边长度。

根据斜边＝大边×∠B坡度系数，将数值代入，得斜边＝45×1.3054≈58.74（厘米）。

第五节　小结

在这一章中，我们介绍了一般条件和特殊条件下直角三角形边长的计算方法。在讲解中，为了便于理解，我们只选用了直角三角形中一个角（∠B）的求法做示范，实际上，用另外一个角（∠A）也可计算出它的小边、大边、斜边和坡度。为了方便广大木工师傅在实际工作中记忆和使用，我们将直角三角形中的各个要素以及它们的关系式整理成表（表2-1），根据具体情况，可以选用适合的求解方法。

表2-1

定理或已知条件	所求值	公式
坡度定理（一）	/	∠A坡度×∠B坡度＝1
根据坡度定理（一）二者转换	∠A坡度	∠A坡度＝1÷∠B坡度
	∠B坡度	∠B坡度＝1÷∠A坡度
已知边长求坡度	∠A坡度	∠A坡度＝大边÷小边
	∠B坡度	∠B坡度＝小边÷大边
坡度与坡度系数的关系	∠A坡度	∠A坡度＝∠A坡度系数÷∠B坡度系数
	∠B坡度	∠B坡度＝∠B坡度系数÷∠A坡度系数

续表

定理或已知条件	所求值	公式
求边长	小边	小边＝大边×∠B坡度 小边＝大边÷∠A坡度 小边＝斜边÷∠A坡度系数
	大边	大边＝小边×∠A坡度 大边＝小边÷∠B坡度 大边＝斜边÷∠B坡度系数
	斜边	斜边＝大边×∠B坡度系数 斜边＝小边×∠A坡度系数

第三章
画线坡度的原理和实际应用

第一节　直角三角形搭方尺原理

我们在学校里学过，在三角形中任意作一条线段与三角形一边平行时，所构成的三角形各角的角度与原三角形各角对应相等。在木工的三角构件活中，同样地，我们作它任意一边的搭方尺形成的三角形，其坡度与原三角形相同。搭方尺原理以图3-1为例说明。

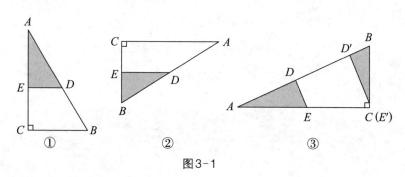

图3-1

一、大边搭方尺

过直角三角形的大边上任意一点作大边的垂线，与斜边相交形成的三角形，其坡度与原三角形相同。如图3-1①，在直角三角形ABC中，过大边上的点E作垂线，与斜边交于点D，则三角形ADE的坡度与原三角形ABC的坡度相同。

二、小边搭方尺

过直角三角形的小边上任意一点作小边的垂线，与斜边相交构成的三角形，其坡度与原三角形相同。如图3-1②，在直角三角形ABC中，过小边上的点E作垂线，与斜边交于点D，则三角形DBE的坡度与原三角形ABC的坡度相同。

三、斜边搭方尺

过直角三角形的斜边上任意一点作斜边的垂线，与直角边相交构成的三角形，其坡度与原三角形相同。如图3-1③，过直角三角形ABC斜边上的任意一点D作垂线，交大边AC于点E，则三角形AED的坡度与原三角形ABC的坡度相同。同样地，当点D靠近点B时（点D'），作垂线构成的三角形E'BD'的坡度也与原三角形ABC的坡度相同。不同的是，当斜边搭方在大边上时（对应三角形AED的情况），原来在斜边上的一段就成了新三角形的大边，当斜边搭方在小边上时（对应三角形E'BD'的情况），原来在斜边上的一段就成了新三角形的小边。

由此可见，斜边搭方尺所构成的三角形，三条边（大边、小边、斜边）的相对位置与原三角形不同，同样地，它们的相关坡度角的位置也相应不同。这就是与大边搭方尺、小边搭方尺所不同的地方。

第二节　怎样搭尺画线

在第二章中，我们已经知道了直角三角形中的各种计算方法，但这种计算结果只是平面尺寸（轴线尺寸）。在实际工作中，仅仅知道这个尺寸并不能下料施工，所以我们必须考虑结构的节点尺寸，再定下实际下料长度，最后根据它们的节点坡度关系搭尺画线，确定下锯线。事实证明，虽然计算方法不难，但在实际工作中这样搭尺画线，没有工作经验的人很难掌握，这是学到计算方法后，能否具体应用到实际工作中的一个关键。为了解决这个问题，本节在传统的画线工具（本书不介绍）外，介绍一种新的画线工具——坡度标角尺，如图3-2所示。使用坡度标角尺，可以直接看出坡度与度数的对应关系。下面我们就详细介绍坡度标角尺的基本构造、原理和实际应用。

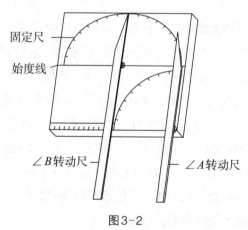

固定尺

始度线

∠B转动尺　　　∠A转动尺

图3-2

一、基本构造

如图3-2，坡度标角尺由固定尺、转动尺两部分组成，靠转动轴（燕尾螺丝）连接成一体。

1.固定尺。

图3-3展示的是固定尺的平面图，尺身长21厘米，宽19厘米，厚1厘米。为了避免变形，取硬质木材做成，固定尺上配有量角器、刻度尺。

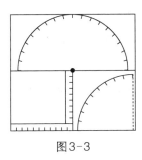

图3-3

（1）量角器。

使用透明塑料材料，实际制作过程中可以选用市场上现有的半径为7.5厘米的量角器来代替，取一块半。

安装位置：一整块的量角器始度线贴平在固定尺上段，圆心与∠B转动尺的轴心重合。半块量角器的圆心与∠A转动尺的轴心重合，量角器始度线平行固定于固定尺底边刻度尺的延长线。

（2）刻度尺。

坡度标角尺配有两块刻度尺，每块长度都固定为100毫米。

安装位置：一块刻度尺垂直于固定尺底边，过底边中点与∠B转动尺的轴心，另外一块刻度尺平行于固定尺底边，在底边中点左边。

为了方便使用，以及保持刻度尺准确，可用旧的公尺镶在固定尺上面（截口镶住）。

2.转动尺。

如图3-4是两个转动尺（∠A转动尺、∠B转动尺）的平面图，它们都是通过转轴连接在固定尺上的。转动尺采用合金板或硬质木材制成，用一块整板截出，尺寸如图3-4所示。为了保证其精确、坚固、耐用，在制作时，应注意以下几个问题：

（1）转动轴孔必须与轴径大小相等，在保证转动灵活的情况下，使转动尺与螺丝紧紧贴合。

（2）转动轴选用金属螺丝，长度视固定尺和转动尺的厚度而定。

（3）因为转动轴需要经常转动和固定，所以必须配用燕尾螺母。

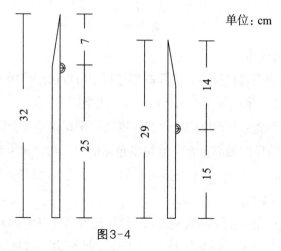

单位：cm

图3-4

二、基本原理和使用方法

我们知道，当直线平行于直角三角形的一条边时，构成的三角形的角度与原三角形的角度相同；当搭方于直角三角形一边时，构成的三角形的坡度与原三角形的坡度相同。这里根据角度与坡度的对应关系，同时根据∠A坡度和∠B坡度的相互关系，我们制作了坡度标角尺。

由图3-5可以看出，∠B转动尺的轴心与底边之间配有一块垂直刻度尺，另外一块刻度尺平行于底边，且在其左侧。求得坡度后，当我们需要画斜线时，只要转动转动尺，对准坡度值画线即可。另外转动尺对准的角度，正是坡度值所对应的角的度数。度数与坡度的相互对应关系都反映在坡度标角尺上。

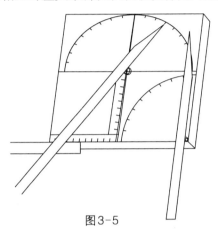

图3-5

（1）画∠B坡度斜线。

当画∠B坡度斜线时，垂直刻度尺构成了三角形的大边，平行刻度尺构成了三角形的小边，根据坡度角与直角边的位置关系，∠B转动尺与平行刻度尺上的交点和∠B轴心点之间的连线就是∠B坡度斜线。

例如，过平行刻度尺上80毫米处与轴心点画线，因为垂直刻度固定为100毫米，根据坡度＝邻边÷对边，将数值代入，得坡度＝80÷100＝0.8＝80%。所以这条斜线就是我们可以直接画出的坡度为80%的∠B坡度斜线。

知道了这一原理后，在今后画线时，对于所求的或已知的坡度，只要找到对应的刻度值，将转动尺转到这个刻度上就可以了。

（2）画∠A坡度斜线。

当画∠A坡度斜线时，∠A转动尺轴心点左侧固定的100毫米固定尺就构成了三角形的大边，垂直刻度尺就构成了三角形的小边，同样地，根据坡度角与直角边的位置关系，∠A转动尺与垂直刻度尺上的交点和∠A转动尺轴心点所画的斜线是∠A坡度斜线。

这就是说，知道垂直刻度尺相应的刻度值后，就可以直接画出∠A坡度斜线。所以在已知或求得∠A坡度的值，要画∠A坡度斜线前，需要求出垂直刻度尺上对应的刻度值（也可以认为求直角三角形的小边长度）。根据∠A坡度＝大边÷小边，得小边＝大边÷∠A坡度，从而可得出对应刻度值（即直角三角形的小边长度），然后就可以直接画线了。

【例1】已知∠A坡度为250%，画出对应的坡度斜线。

解：（1）先求垂直刻度尺上对应的小边刻度值。

根据小边＝大边÷∠A坡度，将数值代入，得小边＝100÷250%＝40（毫米）。

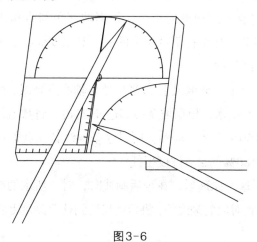

图3-6

（2）画斜线。

将∠A转动尺移动到垂直刻度尺上40毫米处画斜线，如图3-6，就是我们所要画的∠A坡度斜线。

三、同时画出两角坡度斜线

上面分别介绍了∠A坡度斜线和∠B坡度斜线的画法。如果要在同一个直角三角形内直接画这两角的坡度斜线，根据它们的坡度值关系，只要已知一角的坡度值，利用坡度标角尺，就可以直接画出这两个角的坡度斜线。

【例2】有一个斜撑，已知∠B坡度为75%，直接画出上、下节点和下锯线。

解：（1）如图3-7，画上节点∠B坡度斜线ab。

将∠B转动尺转到平行刻度尺75毫米刻度处，固定好后，将固定尺贴紧木料画出斜线ab，这便是下锯线，见图3-8。

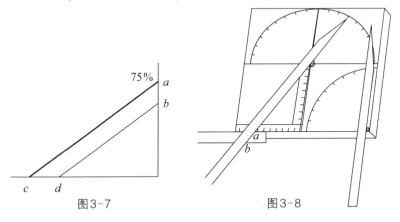

图3-7

图3-8

（2）如图3-7，画下节点∠A坡度斜线cd。

将∠A转动尺转到垂直刻度尺75毫米处，固定好后，将固定尺贴紧木料画出斜线cd，即为下锯线，见图3-9。

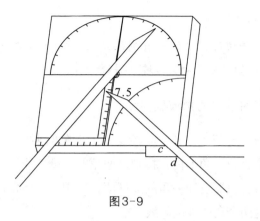

图 3-9

四、已知角的度数画坡度斜线

我们在第一章里讲过度数与坡度的关系，在实际工作中，坡度标角尺可以让我们借用角的度数直接画出坡度斜线。从图3-10可以看出：当两个转动尺同时指在量角器的45°时，∠B转动尺延伸到平行刻度尺上对应的刻度正好是100毫米，∠A转动尺延伸到垂直刻度尺上对应的刻度也正好是100毫米，这时它们的坡度值都是100%。

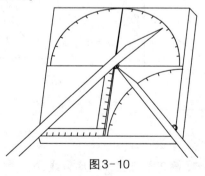

图 3-10

如图3-11，再次转动∠B转动尺，让它对准量角器70°处，可见∠B转动尺延伸到平行刻度尺上对应的刻度为36.4毫米，则

∠B坡度就是36.4%；转动∠A转动尺，让它对准量角器26°处，可见∠A转动尺所对应的垂直刻度尺上的刻度是48.8毫米，得∠A坡度为205%。

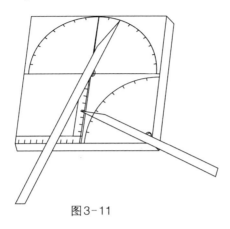

图3-11

　　从上面可以看出，随着角度的变化，转动尺与刻度尺的交点也相应变化。∠B坡度随着角度的增大而减小，∠A坡度随着角度的减小而增大，坡度标角尺也符合这一关系。所以当仅知道角的度数时，直接转动转动尺，就可以直接画出∠A坡度斜线与∠B坡度斜线。

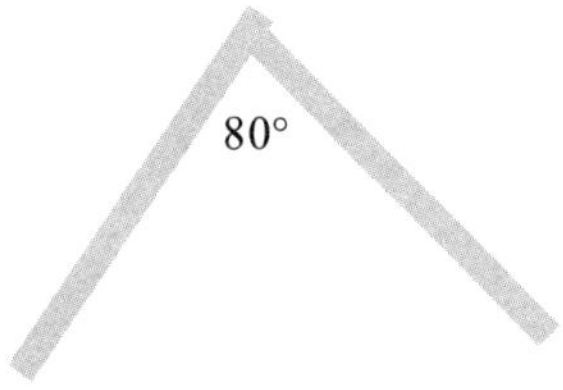

【例3】图3-12是一个人字木的示意图。已知它的角度是80°，画它的交接坡度斜线AB。

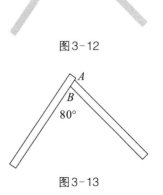

图3-12

解：将坡度标角尺中∠B转动尺的箭头对准量角器80°处，那么这个转动尺延伸到平行刻度尺上对应的刻度值就是这个角的画线坡度。固定好转动尺，然后将固定尺贴紧木料，画出斜

图3-13

线，即坡度斜线 *AB*，参见图 3-13。

【例4】图 3-14 是一个单人沙发木架断面示意图。已知两侧板的夹角是 105°，画出它的侧板交接斜线 *AB*。

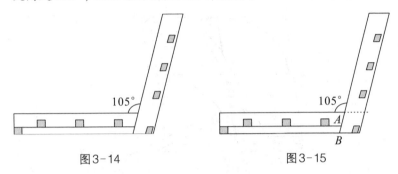

图 3-14　　　　　　　　　　　　图 3-15

解：将坡度标角尺中∠*B* 转动尺的箭头对准量角器 75°（即 180° −105°）处，转动尺延伸到平行刻度尺上对应的刻度值，就是两侧板夹角的画线坡度*。固定好转动尺，然后将固定尺贴紧木料，画出斜线，即斜线 *AB*，参见图 3-15。

　　*这里运用了"105°跟 75°所对应的坡度相同"原理，该原理将在下一章讲到。

第四章
求任意三角形的三边长度和角的画线坡度

　　在前三章中，我们介绍了直角三角形中角的度数与坡度的关系，以及求直角三角形三边长度的计算方法，同时也介绍了求得坡度或角度后，在木工实际工作中搭尺画线的方法。掌握了这些方法，今后在碰到三角构件的木工活时，就会方便很多。

　　但在实际的工作中，我们常会碰到任意三角形结构的活，如果用求直角三角形的方法就很难解决了。所以进一步了解任意三角形的计算和画线也十分重要，可以让我们在产品设计中不局限于直角三角形，为我们提供较简便的计算方法，计算出实际下料长度，找到坡度下锯线。

　　由于在数学上解任意三角形也比较复杂，为了适应木工活的特殊要求，同时考虑部分木工师傅的文化水平不高，我们直接引入计算公式，省去复杂的推导，使木工师傅可以直接使用，求得任意三角形的边长和画线坡度。下面我们分别介绍。

第一节　任意角的度数与坡度的关系

我们知道，在直角三角形中，$\angle A$、$\angle B$这两个特定的角可以在$90°$范围内任意变换，且两角的坡度有着特定的关系。当三角形中的$\angle C$或$\angle A + \angle B$不受$90°$的特定限制时，这个三角形就不是直角三角形了，它的三个角可在$180°$范围内作任意变换，这样的三角形就是任意三角形。

我们将任意三角形的三个角分别定为$\angle A$、$\angle B$、$\angle C$，它们所对的边定为a边、b边、c边，三个角的坡度就是$\angle A$坡度、$\angle B$坡度、$\angle C$坡度。需要特别注意的是，这里$\angle A$、$\angle B$跟直角三角形中的$\angle A$、$\angle B$完全不同，它们只是角的代号，它们的坡度没有特殊关系。

对于小于等于$90°$的角，其坡度与我们先前的定义完全一样，因此同样适用于直角三角形的对查表，我们可以方便地查到其坡度。

但如果一个角大于$90°$，那么这个角的坡度是多少呢？这里特别规定，大于$90°$的角的坡度就是这个角的邻角的坡度，这里所说的邻角就是$180°$减去这个角。还有一种情况是，如果在实际计算某一个角时遇到负数，说明这个角大于$90°$。

【例1】图4-1是一个任意三角形。已知$\angle A = 80°$，$\angle B = 60°$，$\angle C = 40°$，试求各角的坡度值。

解：（1）求$\angle A$坡度值。

当$\angle A = 80°$时，查附录表二，得坡度为17.63%。

（2）求$\angle B$坡度值。

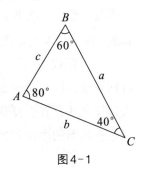

图4-1

28

当∠B＝60°时，查附录表二，得坡度为57.74%。

（3）求∠C坡度值。

当∠C＝40°时，查附录表二，得坡度为119.18%。

综上所述，我们可得到（图4-2）：

  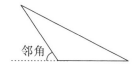

图4-2

（1）在任意三角形中，作三角形任意一边的平行线，构成的三角形各角的坡度与原三角形对应相同。

（2）在任意三角形中，作垂直于三角形任意一边的线段，构成一个直角三角形，这个直角三角形的坡度可根据直角三角形的性质求得。

（3）在任意三角形中，当某个角大于90°时，它的坡度等于这个角的邻角的坡度。

【例2】如图4-3，在三角形ABC中，过AC上任意一点O作AC的垂线，交AB于点D，已知∠A为50°，求∠ADO的画线坡度。

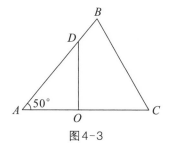

图4-3

解：从图4-3中可知，∠AOD是直角，那么三角形ADO是直角三角形。

（1）先求∠ADO的度数。

因为∠A＋∠ADO＝90°，所以∠ADO＝90°－∠A，将数值代入，得∠ADO＝90°－50°＝40°。

（2）求∠ADO的画线坡度。

当∠ADO的度数为40°时，查附录表二可得坡度值为119.18%，即∠ADO的画线坡度为119.18%。

【例3】图4-4是一个任意三角形。已知∠A＝30°，∠B＝105°，∠C＝45°，试求各角的坡度。

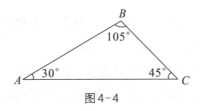

图4-4

解：（1）先求∠A坡度、∠C坡度。

当∠A＝30°时，查附录表二得坡度为173.21%。当∠C＝45°时，查附录表二得坡度为100.00%。

（2）求∠B坡度。

已知∠B＝105°，当某个角大于90°时，它的坡度就等于这个角的邻角的坡度，∠B的邻角＝180°－105°＝75°。

当邻角为75°时，查附录表二得坡度为26.79%，所以∠B坡度为26.79%。

从以上实例，我们可以进行下面的总结：

（1）在任意三角形中，尽管三个角的度数在180°范围内变化，但它和直角三角形一样，每个角的度数与坡度值的对应关系不变，所以它的搭尺画线同样可以使用坡度标角尺。

（2）在任意三角形中，小于90°角的坡度可以从附录表一和

表二直接查得，大于90°且小于180°角的坡度等于这个角的邻角的坡度。

第二节　任意三角形的计算方法

在第二章中，解直角三角形时，实际只用了两个公式。第一个公式是∠B坡度＝小边÷大边，运用这个公式时，在求解的三角形中，已知条件是直角、小边和大边，未知的是∠A、∠B和斜边；第二个公式是斜边＝大边×∠B坡度系数，运用这个公式时，在求解的三角形中，已知条件是直角、大边和∠B坡度（因为坡度系数随坡度而得），未知的是小边、斜边、∠A。由此可见，解一个三角形，在三角形的六个条件中（三个角∠A、∠B、∠C和三条边a、b、c），必须有三个已知。

任意三角形没有直角三角形一个角为90°的特殊条件，计算起来比直角三角形复杂一些。不过在任意三角形的六个条件中，同样必须有三个已知条件。解任意三角形，就是通过三个已知条件，求另外三个。

我们把解任意三角形的问题，归纳为以下五种类型。

一、已知两角夹一边

为了使计算简单，我们给出下面的定理：

坡度系数定理（一）

三角形中各边和它的对角的坡度系数的乘积相等。

写成式子：$a×$∠A坡度系数＝$b×$∠B坡度系数＝$c×$∠C坡度系数。

【例4】如图4-5，在三角形 ABC 中，已知 $\angle B = 45°$ ，$\angle C = 80°$ ，$a = 50$ 厘米，求各角坡度和边长 b、c。

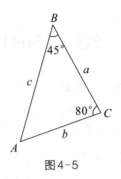

图4-5

解：（1）先求 $\angle A$ 度数。

由三角形内角和是 $180°$ ，得 $\angle A + \angle B + \angle C = 180°$ 。将数值代入，得 $\angle A = 180° - 45° - 80° = 55°$ 。

（2）求各角坡度。

通过查附录表二，可得：

$\angle A = 55°$ ，坡度为 70.02% ；

$\angle B = 45°$ ，坡度为 100.00% ；

$\angle C = 80°$ ，坡度为 17.63% 。

（3）求 b 边长度。

根据坡度系数定理（一）：$a \times \angle A$ 坡度系数 $= b \times \angle B$ 坡度系数，将公式移项，得 $b = a \times \angle A$ 坡度系数 $\div \angle B$ 坡度系数。

①先求 $\angle A$ 坡度系数、$\angle B$ 坡度系数。

由 $\angle A$ 坡度为 70.02% ，查附录表三得坡度系数为 1.2208 ；

由 $\angle B$ 坡度为 100.00% ，查附录表三得坡度系数为 1.4142 。

②将数值代入公式。

$b = 50 \times 1.2208 \div 1.4142 \approx 43.16$ （厘米）。

（4）求c边长度。

根据坡度系数定理（一）：a×∠A坡度系数＝c×∠C坡度系数，将公式移项，得c＝a×∠A坡度系数÷∠C坡度系数。

①先求∠C坡度系数。

由∠C坡度为17.63％，查附录表三得坡度系数为1.0155。

②将数字代入公式。

c＝50×1.2208÷1.0155≈60.11（厘米）。

【例5】如图4-6，在三角形ABC中，已知∠B＝118°，∠C＝38°，a＝47厘米，求各角坡度和边长b、c。

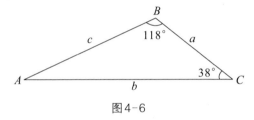

图4-6

解：（1）先求∠A度数。

由∠A＋∠B＋∠C＝180°，得∠A＝180°－∠B－∠C，将数值代入，得∠A＝180°－118°－38°＝24°。

（2）求各角坡度。

通过查附录表二，可得：

∠A＝24°，坡度为224.60％；

∠B＝118°，它的邻角为62°，两角坡度相等，坡度为53.17％；

∠C＝38°，坡度为127.99％。

（3）求b边长度。

根据坡度系数定理（一）：a×∠A坡度系数＝b×∠B坡度系数，将公式移项，得b＝a×∠A坡度系数÷∠B坡度系数。

①先求∠A坡度系数、∠B坡度系数。

由∠A坡度为224.60%,查附录表三得坡度系数为2.4586;

由∠B坡度为53.17%,查附录表三得坡度系数为1.1325。

②将数值代入公式。

$b = 47 \times 2.4586 \div 1.1325 \approx 102.03$(厘米)。

(4)求c边长度。

根据坡度系数定理(一):$a \times$ ∠A坡度系数$= c \times$ ∠C坡度系数,将公式移项,得$c = a \times$ ∠A坡度系数$\div$ ∠C坡度系数。

①先求∠C坡度系数。

由∠C坡度为127.99%,查附录表三得坡度系数为1.6242。

②将数值代入公式。

$c = 47 \times 2.4586 \div 1.6242 \approx 71.15$(厘米)。

二、已知两角和其中一角的对边

这一类型仍可以根据坡度系数定理(一)来求得。

【例6】如图4-7,在三角形ABC中,已知∠A=35°,∠B=82°,a=29厘米,求各角坡度和边长b、c。

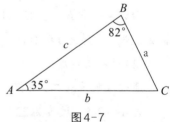

图4-7

解:(1)先求∠C的度数。

由∠A+∠B+∠C=180°,得∠C=180°−∠A−∠B,将数值代入,得∠C=180°−35°−82°=63°。

(2)求各角坡度。

通过查附录表二,可得:

∠A=35°,坡度为142.81%;

∠B=82°,坡度为14.05%;

$\angle C=63°$，坡度为 50.95%。

（3）求 b 边长度。

根据坡度系数定理（一）：$a×\angle A$ 坡度系数＝$b×\angle B$ 坡度系数，将公式移项，得 $b=a×\angle A$ 坡度系数 $÷\angle B$ 坡度系数。

①先求 $\angle A$ 坡度系数、$\angle B$ 坡度系数。

由 $\angle A$ 坡度为 142.81%，查附录表三得坡度系数为 1.7434；

由 $\angle B$ 坡度为 14.05%，查附录表三得坡度系数为 1.0099。

②将数值代入公式。

$b=29×1.7434÷1.0099≈50.06$（厘米）。

（4）求 c 边长度。

根据坡度系数定理（一）：$a×\angle A$ 坡度系数＝$c×\angle C$ 坡度系数，将公式移项，得 $c=a×\angle A$ 坡度系数 $÷\angle C$ 坡度系数。

①先求 $\angle C$ 坡度系数。

由 $\angle C$ 坡度为 50.95% 时，查附录表一得坡度系数为 1.1223。

②将数值代入公式。

$c=29×1.7434÷1.1223≈45.05$（厘米）。

三、已知两边和其中一边的对角

【例7】如图 4-8，在三角形 ABC 中，已知 $\angle B=110°$，$b=61$ 厘米，$a=40$ 厘米，试求 $\angle A$ 坡度、$\angle C$ 坡度和 c 边长度。

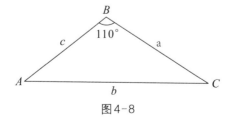

图 4-8

解:(1)先求∠B坡度系数。

已知∠$B=110°$，它的坡度等于其邻角即70°角的坡度，查附录表二可得，∠B坡度系数为1.0642。

（2）求∠A坡度系数，进而求∠A坡度。

根据坡度系数定理（一）：$a×$∠A坡度系数$=b×$∠B坡度系数，将公式移项，得∠A坡度系数$=b×$∠B坡度系数$÷a$，

将数值代入，得∠A坡度系数$=61×1.0642÷40≈1.6229$。

由∠A坡度系数为1.6229，查附录表三得坡度为127.82%。

（3）求∠C坡度。

由∠A坡度或坡度系数，查附录表二可得∠$A=38°02'$，所以∠$C=180°-$∠$A-$∠$B=180°-38°02'-110°=31°58'$。

查附录表二可得，∠C坡度为160.24%，坡度系数为1.8888。

（4）求c边长度。

根据坡度系数定理（一），$c×$∠C坡度系数$=b×$∠B坡度系数，将公式变形，得$c=b×$∠B坡度系数$÷$∠C坡度系数，将数值代入，得$c=61×1.0642÷1.8888≈34.37$（厘米）。

四、已知两边和夹角

在这一类型中，有下面三种情况，为了便于计算，我们给出下列公式，即坡度定理（二）。

坡度定理（二）

1.已知∠A、b、c

∠B坡度＝$c×$∠A坡度系数÷$b-$∠A坡度

∠C坡度＝$b×$∠A坡度系数÷$c-$∠A坡度

2.已知∠B、a、c

∠A坡度＝$c×$∠B坡度系数÷$a-$∠B坡度

∠C坡度＝$a×$∠B坡度系数÷$c-$∠B坡度

3.已知∠C、a、b

∠A坡度＝$b×$∠C坡度系数÷$a-$∠C坡度

∠B坡度＝$a×$∠C坡度系数÷$b-$∠C坡度

【例8】如图4-9，在三角形ABC中，已知∠$B=50°$，$a=60$厘米，$c=80$厘米，试求∠A坡度、∠C坡度和b的长度。

解： 根据题意，本例适用坡度定理（二）中的第二种情况。

（1）先求∠B坡度和坡度系数。

当∠$B=50°$ 时，查附录表二得∠B坡度为83.91％，∠B坡度系数为1.3054。

（2）求∠A坡度。

根据坡度定理（二），∠A坡度＝$c×$∠B坡度系数÷$a-$∠B坡度，将数值代入，得∠A坡度＝$80×1.3054÷60-83.91\%≈0.9014$，即∠$A$坡度为90.14％。

（3）求∠C坡度。

根据坡度定理（二），∠C坡度＝$a×$∠B坡度系数÷$c-$∠B坡度，将数值代入，得∠C坡度＝$60×1.3054÷80-83.91\%≈0.1400$，即14.00％。

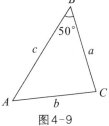

图4-9

（4）求b的长度。

根据坡度系数定理（一），$a×∠A$坡度系数$＝b×∠B$坡度系数$＝c×∠C$坡度系数，将公式移项，得$b＝a×∠A$坡度系数$÷∠B$坡度系数。

由$∠A$坡度为90.14%，查附录表三，得坡度系数1.3463，将数值代入，得$b＝60×1.3463÷1.3054≈61.88$（厘米）。

【例9】如图4-10，在三角形ABC中，已知$∠A＝40°$，$b＝45$厘米，$c＝60$厘米，试求$∠B$坡度、$∠C$坡度和a的长度，并作内角和查证。

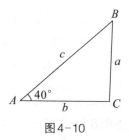

图4-10

解：根据题意，本例适用坡度定理（二）中的第一种情况。

（1）先求$∠A$坡度和坡度系数。

当$∠A＝40°$时，查附录表二，得$∠A$坡度119.18%，坡度系数1.5557。

（2）求$∠B$坡度。

根据坡度定理（二），$∠B$坡度$＝c×∠A$坡度系数$÷b－∠A$坡度，将数值代入，得$∠B$坡度$＝60×1.5557÷45－119.18\%≈0.8825$，即88.25%。

（3）求$∠C$坡度。

根据坡度定理（二），$∠C$坡度$＝b×∠A$坡度系数$÷c－∠A$坡度，将数值代入，得$∠C$坡度$＝45×1.5557÷60－119.18\%＝－0.0250$，即－2.5%。

通过以上计算，得到$∠C$坡度带负号，根据度数与坡度的关系，可以看出这是因为$∠C$大于90°，它的坡度就等于这个角的邻角的坡度。

（4）求 a 的长度。

根据坡度系数定理（一），$a \times \angle A$ 坡度系数 $= b \times \angle B$ 坡度系数 $= c \times \angle C$ 坡度系数，移项得 $a = b \times \angle B$ 坡度系数 $\div \angle A$ 坡度系数。

由 $\angle B$ 坡度为 88.25% 时，查附录表三得坡度系数为 1.3337，将数字代入，得 $a = 45 \times 1.3337 \div 1.5557 \approx 38.58$（厘米）。

（5）作内角和查证。

通过查附录表二得三个角的度数：

$\angle A$ 坡度为 119.18% 时，坡度系数 1.5557，度数为 40°；

$\angle B$ 坡度为 88.25% 时，坡度系数 1.3337，度数为 48°34′；

$\angle C$ 坡度为 2.5% 时，坡度系数 1.0003，度数为 88°34′（由 $\angle C > 90°$ 可知，实际上 $\angle C$ 度数为 180° $-88°34′= 91°26′$）。

查验三角形的内角和：$\angle A + \angle B + \angle C = 40° + 48°34′ + 91°26′= 180°$。

五、已知三边

如果在一个三角形中，只知道三条边的长度，那么各角的坡度系数该怎么求呢？为了解决这个问题，我们引入坡度系数定理（二）。

坡度系数定理（二）

在三角形中，任意一角的坡度系数等于其两条邻边的乘积除以这个三角形面积的2倍。写成公式，即：

$$\angle A坡度系数 = \frac{bc}{2\sqrt{p(p-a)(p-b)(p-c)}},$$

$$\angle B坡度系数 = \frac{ac}{2\sqrt{p(p-a)(p-b)(p-c)}},$$

$$\angle C坡度系数 = \frac{ab}{2\sqrt{p(p-a)(p-b)(p-c)}}$$

注：$\sqrt{p(p-a)(p-b)(p-c)}$ 为三角形的面积，其中 p 表示三角形周长的一半，即 $p = \dfrac{a+b+c}{2}$。

【例10】如图4-11，在三角形 ABC 中，已知 $a = 65$ 厘米，$b = 72$ 厘米，$c = 40$ 厘米，试求这个三角形各角的坡度系数、坡度及度数。

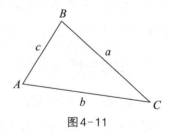

图4-11

解：（1）根据坡度系数定理（二），分别求出各角的坡度系数。

①求 $\angle A$ 坡度系数。

根据坡度系数定理（二），

$$\angle A坡度系数 = \frac{bc}{2\sqrt{p(p-a)(p-b)(p-c)}},$$

其中 $p = \dfrac{65+72+40}{2} = 88.5$，将数值代入，得

$$\angle A坡度系数 = \frac{72 \times 40}{2\sqrt{88.5(88.5-65)(88.5-72)(88.5-40)}}$$

$$\approx \frac{72 \times 40}{2 \times 1290.0852} \approx 1.1162。$$

②求∠B坡度系数。

根据坡度系数定理（二），

$$\angle B坡度系数 = \frac{ac}{2\sqrt{p(p-a)(p-b)(p-c)}}$$

$$\approx \frac{65 \times 40}{2 \times 1290.0852}$$

$$\approx 1.0077。$$

③求∠C坡度系数。

根据坡度系数定理（二），

$$\angle C坡度系数 = \frac{ab}{2\sqrt{p(p-a)(p-b)(p-c)}}$$

$$\approx \frac{65 \times 72}{2 \times 1290.0852}$$

$$\approx 1.8138。$$

（2）根据对查表查各角的坡度。

①由∠A坡度系数为1.1162，查附录表二得坡度为49.60%；查得该角度数为63° 37′；

②由∠B坡度系数为1.0077，查附录表二得坡度为12.43%；查得该角度数为82° 55′；

③由∠C坡度系数为1.8138，查附录表二得坡度为151.28%；查得该角度数为33° 28′。

【例11】如图4-12，在三角形ABC中，已知a＝30厘米、b＝100厘米、c＝75厘米，试求这个三角形各角的坡度系数、坡度及度数。

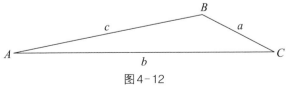

图4-12

解:(1)根据坡度系数定理(二),分别求出各角的坡度系数。

①求∠A坡度系数。

根据坡度系数定理(二),

$$\angle A坡度系数 = \frac{bc}{2\sqrt{p(p-a)(p-b)(p-c)}},$$

其中$p = \frac{30+100+75}{2} = 102.5$,将数值代入,得

$$\angle A坡度系数 = \frac{100 \times 75}{2\sqrt{102.5(102.5-30)(102.5-100)(102.5-75)}}$$

$$\approx \frac{100 \times 75}{2 \times 714.7716}$$

$$\approx 5.2464。$$

②求∠B坡度系数。

根据坡度系数定理(二),

$$\angle B坡度系数 = \frac{ac}{2\sqrt{p(p-a)(p-b)(p-c)}}$$

$$\approx \frac{30 \times 75}{2 \times 714.7716}$$

$$\approx 1.5739。$$

③求∠C坡度系数。

根据坡度系数定理(二),

$$\angle C坡度系数 = \frac{ab}{2\sqrt{p(p-a)(p-b)(p-c)}}$$

$$\approx \frac{30 \times 100}{2 \times 714.7716}$$

$$\approx 2.0986。$$

(2)求各角坡度。

①由∠A坡度系数为5.2464,查附录表一得坡度为515.30%,∠A的度数为10° 59′。

②由∠B坡度系数为1.5739，查附录表二得坡度为121.54%，该坡度对应的角为39° 27′，根据实际情况，∠B的度数为140° 33′。

③由∠C坡度系数为2.0986，查附录表二得坡度为184.47%，∠C的度数为28° 28′。

注：查验这个三角形的内角和：∠A＋∠B＋∠C＝10° 59′＋140° 33′＋28° 28′＝180°。

以上例子是先通过求某角的坡度系数，再查附录表一和表二得到坡度，那么能否直接求得画线坡度呢？下面我们来介绍这样一种方法：在任意三角形中，已知三边长度，可以通过公式直接求得画线坡度。

坡度定理（三）

$$\angle A 坡度 = \frac{2p(p-a)-bc}{2\sqrt{p(p-a)(p-b)(p-c)}}$$

$$\angle B 坡度 = \frac{2p(p-b)-ac}{2\sqrt{p(p-a)(p-b)(p-c)}}$$

$$\angle C 坡度 = \frac{2p(p-c)-ab}{2\sqrt{p(p-a)(p-b)(p-c)}}$$

注：$p = \dfrac{a+b+c}{2}$

【例12】如图4-13，在三角形ABC中，已知a＝70厘米，b＝91厘米，c＝80厘米，求∠A坡度、∠B坡度和∠C坡度及各角度数。

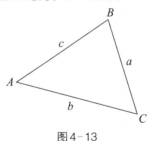

图4-13

解：（1）先求∠A坡度。

根据坡度定理（三），∠A坡度 $=\dfrac{2p(p-a)-bc}{2\sqrt{p(p-a)(p-b)(p-c)}}$,

其中 $p=\dfrac{70+91+80}{2}=120.5$, 将数值代入，得

$$
\begin{aligned}
\angle A坡度 &=\dfrac{2\times120.5\,(120.5-70)-91\times80}{2\sqrt{120.5\,(120.5-70)(120.5-91)(120.5-80)}}\\
&=\dfrac{241\times50.5-7280}{2\sqrt{120.5\times50.5\times29.5\times40.5}}\\
&=\dfrac{12170.5-7280}{2\times\sqrt{7270352.4375}}\\
&\approx\dfrac{4890.5}{5392.7182}\\
&\approx0.9069\,（即90.69\%）。
\end{aligned}
$$

（2）求∠B坡度。

根据坡度定理（三），

$$
\begin{aligned}
\angle B坡度 &=\dfrac{2p(p-b)-ac}{2\sqrt{p(p-a)(p-b)(p-c)}}\\
&=\dfrac{2\times120.5\,(120.5-91)-70\times80}{2\sqrt{120.5\,(120.5-70)(120.5-91)(120.5-80)}}\\
&=\dfrac{241\times29.5-5600}{2\times\sqrt{7270352.4375}}\\
&\approx\dfrac{1509.5}{5392.7182}\\
&\approx0.2799\,（即27.99\%）。
\end{aligned}
$$

（3）求∠C坡度。

根据坡度定理（三），

$$\angle C坡度 = \frac{2p(p-c)-ab}{2\sqrt{p(p-a)(p-b)(p-c)}}$$

$$= \frac{2 \times 120.5\,(120.5-80)-70 \times 91}{2\sqrt{120.5\,(120.5-70)(120.5-91)(120.5-80)}}$$

$$= \frac{241 \times 40.5 - 6370}{2 \times \sqrt{7270352.4375}}$$

$$\approx \frac{3390.5}{5392.7182}$$

$$\approx 0.6287\,(即62.87\%)。$$

（4）求各角度数。

①由∠A坡度为90.69%，查附录表二得∠A = 47° 47′；

②由∠B坡度为27.99%，查附录表二得∠B = 74° 22′；

③由∠C坡度为62.87%，查附录表二得∠C = 57° 51′。

【例13】如图4-14，在三角形 ABC 中，已知 $a = 56$ 厘米，$b = 84$ 厘米，$c = 111$ 厘米，试求∠A坡度、∠B坡度和∠C坡度及各角度数。

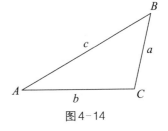

图4-14

解:（1）先求∠A坡度。

根据坡度定理（三），$\angle A坡度 = \dfrac{2p(p-a)-bc}{2\sqrt{p(p-a)(p-b)(p-c)}}$，

其中 $p = \dfrac{56+84+111}{2} = 125.5$，将数值代入，得

$$\angle A坡度 = \frac{2 \times 125.5\,(125.5-56)-84 \times 111}{2\sqrt{125.5\,(125.5-56)(125.5-84)(125.5-111)}}$$

$$= \frac{251 \times 69.5 - 9324}{2\sqrt{125.5 \times 69.5 \times 41.5 \times 14.5}}$$

$$= \frac{17444.5 - 9324}{2 \times \sqrt{5248613.9375}}$$

$$\approx \frac{8120.5}{4581.9707}$$

$$\approx 1.7723（即177.23\%）。$$

（2）求∠B坡度。

根据坡度定理（三），

$$\angle B 坡度 = \frac{2p(p-b) - ac}{2\sqrt{p(p-a)(p-b)(p-c)}}$$

$$= \frac{2 \times 125.5(125.5 - 84) - 56 \times 111}{2\sqrt{125.5(125.5 - 56)(125.5 - 84)(125.5 - 111)}}$$

$$= \frac{251 \times 41.5 - 6216}{2\sqrt{125.5 \times 69.5 \times 41.5 \times 14.5}}$$

$$= \frac{10416.5 - 6216}{2 \times \sqrt{5248613.9375}}$$

$$\approx \frac{4200.5}{4581.9707}$$

$$\approx 0.9167（即91.67\%）。$$

（3）求∠C坡度。

根据坡度定理（三），

$$\angle C 坡度 = \frac{2p(p-c) - ab}{2\sqrt{p(p-a)(p-b)(p-c)}}$$

$$= \frac{2 \times 125.5(125.5 - 111) - 56 \times 84}{2\sqrt{125.5(125.5 - 56)(125.5 - 84)(125.5 - 111)}}$$

$$= \frac{251 \times 14.5 - 4704}{2\sqrt{125.5 \times 69.5 \times 41.5 \times 14.5}}$$

$$= \frac{3639.5 - 4704}{2 \times \sqrt{5248613.9375}}$$

$$\approx \frac{-1064.5}{4581.9707}$$

$$\approx -0.2323（即-23.23\%）。$$

（4）求各角度数。

①由∠A坡度为177.23%，查附录表二得∠A＝29° 26'。

②由∠B坡度为91.67%，查附录表二得∠B＝47° 29'。

③由∠C坡度为－23.23%，查附录表二得该角度数为 76° 55'，∠C的实际度数为180° －76° 55'＝103° 05'。

本节介绍了当木工活涉及任意三角形时，三边长度和各角坡度的计算方法，为了在今后的实际工作中便于记忆和运用，我们把解任意三角形的问题归纳为五种类型：已知两角夹一边、已知两角和其中一角的对边、已知两边和其中一边的对角、已知两边和夹角、已知三边。同时把所涉及的定理和公式列在表4-1中。

表4-1

定理	公式
三角形内角和为180°	$\angle A + \angle B + \angle C = 180°$
坡度系数定理（一）	$a \times \angle A$坡度系数$= b \times \angle B$坡度系数$= c \times \angle C$坡度系数
坡度定理（二）	$\angle A$坡度$= c \times \angle B$坡度系数$\div a - \angle B$坡度 　　　　$= b \times \angle C$坡度系数$\div a - \angle C$坡度 $\angle B$坡度$= c \times \angle A$坡度系数$\div b - \angle A$坡度 　　　　$= a \times \angle C$坡度系数$\div b - \angle C$坡度 $\angle C$坡度$= b \times \angle A$坡度系数$\div c - \angle A$坡度 　　　　$= a \times \angle B$坡度系数$\div c - \angle B$坡度

续表

定理	公式
坡度定理（三）	$\angle A$坡度$=\dfrac{2p(p-a)-bc}{2\sqrt{p(p-a)(p-b)(p-c)}}$ $\angle B$坡度$=\dfrac{2p(p-b)-ac}{2\sqrt{p(p-a)(p-b)(p-c)}}$ $\angle C$坡度$=\dfrac{2p(p-c)-ab}{2\sqrt{p(p-a)(p-b)(p-c)}}$ 注：$p=\dfrac{a+b+c}{2}$
坡度系数定理（二）	$\angle A$坡度系数$=\dfrac{bc}{2\sqrt{p(p-a)(p-b)(p-c)}}$ $\angle B$坡度系数$=\dfrac{ac}{2\sqrt{p(p-a)(p-b)(p-c)}}$ $\angle C$坡度系数$=\dfrac{ab}{2\sqrt{p(p-a)(p-b)(p-c)}}$ 注：$p=\dfrac{a+b+c}{2}$

第五章
正多边形的计算和画线

正多边形是每条边都一样长、每个角都一样大小的多边形。在木工活中，许多家具、建筑物件、木模和模板配制等需要用到正多边形的制作。在这一章，我们将把前面学过的三角形计算方法引入正多边形中，取代过去采用的作图法。下面我们逐个介绍正多边形的边长和角的画线坡度的计算方法。

第一节　正多边形边长的计算方法

正多边形的边长长短和其角度无关，它和正多边形外接圆的直径直接相关。在边数相等的情况下，比如同是正六边形，外接圆的直径越大，正六边形边长越长，直径与边长成正比关系。实际应用中，为了便于计算，我们把正多边形的常用相关数据编成"正多边形用表"，即附录表四。我们把圆内分块数与分块角度的关系算得的常数，称为分块系数，这样，只要用直径乘以分块系数，得到的积就是分块后的圆的弦长，也就是正多边形的边长。用公式表示：

弦（边）长＝直径×分块系数

【例1】已知圆的直径为100厘米，求作该圆的内接正十九边形。

解：（1）求弦（边）长。

当为正十九边形时，分块数为19，由附录表四得分块系数为0.1646，根据弦（边）长＝直径×分块系数，得弦（边）长＝100×0.1646＝16.46（厘米）。

（2）作图。

①如图5-1，以50厘米为半径画一个圆；

②截取长度为16.46厘米的杆；

③用16.46厘米长的杆在圆周上连续截取各点，然后再将各点顺次连接。

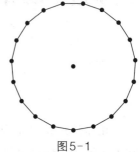

图5-1

【例2】如图5-2，已知多边形弦长（也是外接圆直径）为30厘米，做一个正八边形木架，试求这个八边形的边长是多少。

解：根据题意知分块数为8，查附录表四得分块系数为0.3827，根据弦（边）长＝直径×分块系数，得弦（边）长＝30×0.3827≈11.48（厘米）。

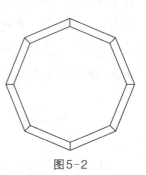

图5-2

第二节　正多边形分块交角与分块互角的关系和定理

做木工活时，榫接一般都采用两种方式：一种是对角拼接，如八仙桌面四个角的拼接方式；另一种是一根木料的平面和一根木料的截面作拼接，它涵盖了大多数木工活，如正方形、长方形、三角形活的拼接一般都采用这种方式。

在装配正多边形时，拼接中同样会遇到这两种方式，本书特地将这两种方式区分开来，予以命名，称为分块交角与分块互角。因为在正多边形中，这两种拼接方式各有其特点，下面分别予以介绍。

　　如图5-3，当木料的截面交接，交接面对准圆心交接的角，我们称它为分块交角。

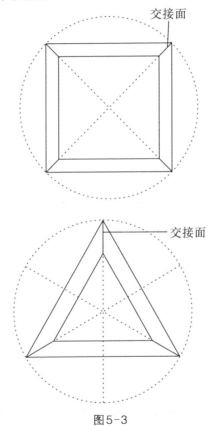

图5-3

如图5-4，当一根木料的截面与另一根木料的平面交接，交接面不是对准圆心交接的角，我们称它为分块互角。

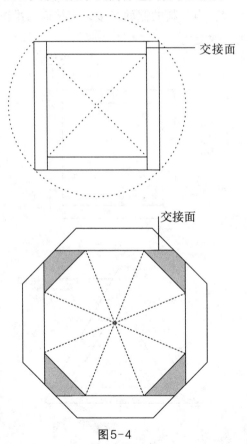

图5-4

正多边形的分块交角、分块互角、分块数分别用α、β、n表示，那么下列式子成立：

分块交角＝直角－平角÷分块数，即 $\alpha = 90° - 180° \div n$

分块互角＝周角÷分块数，即 $\beta = 360° \div n$

为了便于灵活使用，根据上述关系，当 n 取固定值时，可以变换得分块交角和分块互角之间的关系：

分块交角＝直角－分块互角÷2，即 $\alpha = 90° - \beta \div 2$

分块互角＝平角－两个分块交角，即 $\beta = 180° - 2 \times \alpha$

分块数＝平角÷（直角－分块交角），即 $n = 180° \div (90° - \alpha)$

分块数＝周角÷分块互角，即 $n = 360° \div \beta$

从上面的计算结果得到的拼接角的度数，均是我们所要求实际画线时所对应的角的度数。根据以上关系，我们可以得到下列结论：

（1）分块数越多，分块交角越大，分块互角越小；分块数越少，分块交角越小，分块互角越大。

（2）根据角与坡度的关系，分块角越大时，坡度越小；分块角越小时，坡度越大。

（3）分块角的大小变化与分块数有关，而与正多边形外接圆的直径无关。

【例3】已知一个正五边形，试求它的分块交角度数和分块互角度数。

解：（1）求分块交角度数。

根据分块交角 $\alpha = 90° - 180° \div n$，将数值代入，得分块交角 $\alpha = 90° - 180° \div 5 = 54°$。

（2）求分块互角度数。

根据分块互角 $\beta = 360° \div n$，将数值代入，得分块互角 $\beta = 360° \div 5 = 72°$。

【例4】已知某正多边形的分块交角度数为 67° 30′，试求它的分块互角度数和这个正多边形的分块数。

解:(1)先求分块互角度数。

根据分块互角 $\beta = 180° - 2 \times \alpha$,将数值代入,得分块互角 $\beta = 180° - 2 \times 67° 30' = 45°$。

(2)求分块数。

根据分块数 $n = 360° \div \beta$,将数值代入,得分块数 $n = 360° \div 45° = 8$。

【**例5**】已知某正多边形的分块互角度数为9°,试求它的分块交角度数和这个正多边形的分块数。

解:(1)先求分块交角度数。

根据分块交角 $\alpha = 90° - \beta \div 2$,将数值代入,得分块交角 $\alpha = 90° - 9° \div 2 = 85° 30'$。

(2)求分块数。

根据分块数 $n = 360° \div \beta$,将数值代入,得分块数 $n = 360° \div 9° = 40$。

第三节　正多边形的分块角的坡度关系

现在,我们知道了正多边形的分块画法和正多边形边长的计算方法,但是这样得到的正多边形边长只是轴线长度,还不能在木工活中直接应用。只有知道了正多边形分块角的相互关系,求得分块角的画线坡度,才能用到实际中。上一节,我们介绍了求分块角(分块交角与分块互角)度数的方法,那么当已知分块角的度数后,怎样搭尺画线呢?

实践证明,分块角的度数与坡度的关系也适用第一章里所讲的角的度数与坡度关系。具体来说,分块交角与分块互角的度数也是画线坡度所对应的角的度数,当角大于90°时,它的画线坡度是它的邻角的画线坡度。为了便于直接应用，我们编制了"正多边形用表"（附录表四），在这个表中，我们把正多边形的分块数从3列到100，同时把分块系数、拱高系数、分块交角度数与坡度、分块互角度数与坡度一起列出，这样就可以方便地查得想要的数据了。

下面，我们利用"正多边形用表"，查一查上一节例题中所计算的正多边形两种拼接角的度数、坡度及分块数。

例3中，由正五边形知分块数为5，先在附录表四的"分块数"一栏中找到分块数5，随后在对应横栏中查得分块交角度数为54°，画线坡度为72.65%，分块互角度数为72°，画线坡度为32.49%。

例4中，已知正多边形的交角度数为67° 30′，先在附录表四的"分块交角度数"一栏中找到67° 30′，随后在对应横栏中查得分块交角画线坡度为41.42%，分块互角度数为45°，画线坡度为100%，分块数为8。

例5中，已知正多边形的分块互角度数为9°，先在附录表四的"分块互角度数"一栏中找到9°，随后在对应横栏中查得分块互角画线坡度为631.38%，分块交角度数为85° 30′，画线坡度为7.87%，分块数为40。

第四节　正多边形的拼接方法

我们已讲述了正多边形最常用的两种拼接角的位置关系，在本节中，我们讲述如何通过画线坡度和边长确定位置。我们已经知道，对准圆心交接的角是分块交角，它所形成的正多边形分块——对应相等（即边长相等、角度相等）。正多边形交角的画线口诀: 确立外边向内坡, 确立内边向外坡。交角拼接法有一一对应相等的特点, 做工时容易掌握, 这里不再举例说明。

分块互角是由一根木料的截面与另一根木料的平面交接形成的, 由于交接角不对准圆心, 因此与分块交角画线方法有所不同。实践中, 我们也找到了正多边形分块互角的边长位置及画线规律, 并形成口诀: 长段外边向外坡, 短段内边向内坡。这种拼接方法对分块数大于4且分块数为偶数的正多边形均适用。(正四边形分块互角为90°, 坡度为0, 是特例。)

【例6】设圆的直径为100厘米, 用料宽为10厘米, 用分块互角拼接方法试做一个正八边形框架 (如图5-5)。

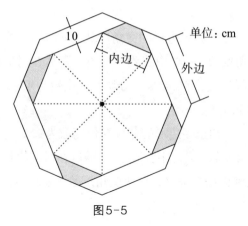

图5-5

解: (1) 先求外边长度。

这里所说的外边长度就是前面讲过的弦 (边) 长。这种拼接方法需要求两种长度, 我们把弦 (边) 长规定为正多边形的外边长, 即图中标出的"外边"段, 较长的木料共有四块。再看内框, 由较短的木料和较大的木料共同围成, 边长也相等, 我们把它称为内边。

根据弦 (边) 长＝直径×分块系数, 由附录表四查得正八边形的分块系数为 0.3827，则外边长＝100×0.3827＝38.27（厘米）。

（2）求内边长度。

根据小边＝大边×∠B坡度，可得内边长度＝外边长－2×用料宽度×分块交角坡度。

由附录表四查得正八边形的分块交角度数是 67° 30′，坡度为 41.42％，将数值代入，得内边长度＝38.27－2×10×41.42％≈29.99（厘米）。

（3）画线。

由上文可知，在这个正八边形框架的四根长料（较长的木料）和四根短料（较短的木料）中，外边长度为 38.27 厘米，内边长度为 29.99 厘米。下面我们根据口诀分别画出它们长段和短段木料的坡度斜线。

①先画长段（外边）坡度斜线。

根据口诀"长段外边向外坡"进行画线，其中"长段外边"指根据外边的段点（这里指38.27厘米的段点）画斜线，"向外坡"指按照外边的段点向外画坡度斜线。由附录表四查得，分8块时分块互角度数是45°，坡度是100％，我们就根据这个100％的坡度画斜线。如图5-6。

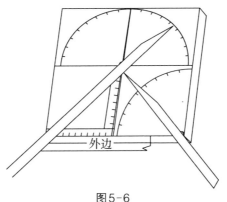

图5-6

（注：由于是向外画线，这个外边长度实际取材长度要略长于38.27厘米，以备斜坡搭接。）

②画短段（内边）坡度斜线。

根据口诀"短段内边向内坡"，"短段内边"指短的木料根据内边长度（29.99厘米）画线，"向内坡"指按照内边长度的段点向内画坡度斜线，其中长段与短段木料的画线坡度值相同。如图5-7。

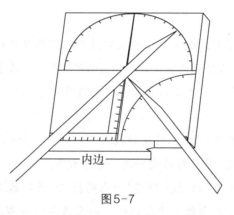

图5-7

（注：因为这个短段坡度斜线是画在里面的，所以实际取料可不另加长度。对于交接面是胶合还是榫接，以及是否需要另加长度，自行考虑。）

碰到做正多边形的活，我们多采用分块交角拼接方法，当然也可试着用分块互角拼接方法，虽然比较复杂，但是选材容易且省材。

第五节 以边长为基数画正多边形

我们前面所讲的是以直径为基数画正多边形，但传统上，我们做正多边形有独到的方法，即利用木工祖师爷留传下来的坡度的原理，不以直径而是以边长为依据画正多边形，这里分享给大家。

一、正三角形变正六边形

【例7】如图5-8，我们用10厘米作边长画出正三角形，试画正六边形。

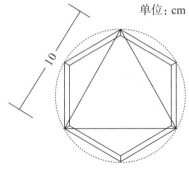

单位：cm

图5-8

解： 经过推导，我们知道正六边形边长等于正三角形边长乘以正六边形的分块交角的坡度值。

通过附录表四查得正六边形的分块交角的坡度值为57.74%，将数值代入，得正六边形边长＝10×57.74%＝5.774（厘米）。

二、正方形变正八边形

【例8】如图5-9，我们用10厘米作边长画出正方形，试画出正八边形。

解：正八边形的边长等于正方形边长乘以正八边形的分块交角的坡度值。

通过附录表四查得正八边形的分块交角的坡度值为41.42%，将数值代入，得正八边形边长＝10×41.42%＝4.142（厘米）。

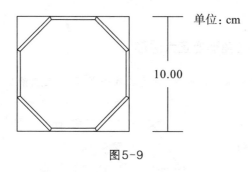

单位：cm

10.00

图5-9

三、正方形变正十六边形

【**例9**】如图5-10，我们用15厘米作边长画出正方形，试画出正十六边形。

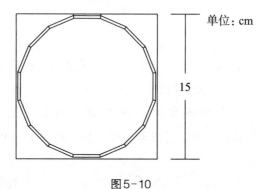

单位：cm

15

图5-10

解：正十六边形的边长等于正方形的边长乘以正十六边形交角的坡度值。

通过附录表四查得正十六边形的分块交角的坡度值为 19.89%，将数值代入，得正十六边形边长＝15×19.89%＝2.9835（厘米）。

画好正多边形后，交接角的画线方法与上一节所讲的画线方法相同，如果我们采用分块交角拼接方法，那么根据每个正多边形的边长，按它的分块交角坡度，采用口诀"确立外边向内坡"画线较为方便。

假如有需要，我们同样可以以正方形边长为依据画出正 n 边形（正三边形除外），计算方法同上面介绍的方法相同，这里不再赘述。

第六章
应用举例

在关于三角结构的木工活中，可能不止一种坡度关系，而是多种坡度搭接。为了加深了解，便于实际应用，这一章利用前面学过的计算方法及坡度画线方法，列举实际例子，进行讲述。

第一节　长凳

【例1】图6-1是长凳剖视图。已知长凳高度为48厘米，凳面厚4厘米，凳反面AB两榫间距离为6厘米，AB和第一根横档CD的垂直距离h_1为14厘米，和第二根横档EF的垂直距离h_2为22厘米，凳脚坡度为15%，计算凳脚长度、两横档长度、两横档画线坡度，以及AC、AE的画线长度。

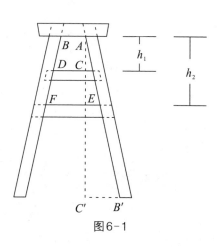

图6-1

解：（1）先求两横档画线坡度。

根据凳脚坡度为15%，观察图6-1中的直角三角形 $AB'C'$，凳脚 AB' 为斜边，AC' 为大边，两横档的伸展部分都平行于该三角形的小边 $C'B'$。我们知道，平行于三角形任意一边所构成的三角形各角坡度与原三角形对应相同，故两横档的画线坡度与凳脚坡度相同，为15%。

（2）求横档长度。

由图6-1可知，横档长度等于两个三角形小边长度加基数（AB），由小边＝大边×横档画线坡度，得横档长度＝大边×横档画线坡度×2＋基数。

①先求第一根横档 CD 的长度。

根据横档长度＝大边×横档画线坡度×2＋基数，大边 h_1 为14厘米，基数 AB 为6厘米，将数值代入，得横档 CD 长度＝ $14×15\%×2＋6＝10.2$ （厘米）。

②求第二根横档 EF 的长度。

根据横档长度＝大边×横档画线坡度×2＋基数，大边 h_2 为22厘米，基数 AB 为6厘米，将数值代入，得横档 EF 长度＝ $22×15\%×2＋6＝12.6$ （厘米）。

（3）求凳脚长度。

由图6-1可知，凳脚长度就是直角三角形 $AB'C'$ 的斜边长，根据斜边＝大边×∠ $AB'C'$ 坡度系数，大边就是 AC'，长度为长凳高度减去凳面厚度，坡度为15%时，由附录表三查得坡度系数为1.0112，将数值代入，得凳脚长度＝ $（48－4）×1.0112≈44.49$ （厘米）。

（4）求 AC、AE 的画线长度。

从图6-1可以看出，AC、AE 就是第一、第二横档在凳脚上的榫眼画线距离，且在相应的三角形中都构成了三角形的斜边，于是，同样地，根据斜边＝大边×坡度系数，得 AC 的画线长度＝ $14 \times 1.0112 \approx 14.16$（厘米）， AE 的画线长度＝ $22 \times 1.0112 \approx 22.25$（厘米）。

进行上述计算后，就可找准基点下料画线了。木工师傅都知道，做长凳有"趴三霸四"两种斜度，所以在画线上除15%这一坡度外，还有另外一种斜度需要画斜线，称为凳脚的霸性。它不用计算，但要正确找准凳脚及凳面榫眼的画线基点，按霸性的坡度作凳脚榫头及凳面榫眼的画线。在取材断料时，还要根据需要细看哪根材料的长度应略长于准基点长度，以备榫眼搭接。这些就不再赘述了。

第二节　K字形靠背椅子

为了让木工师傅更熟练地掌握木工活中三角构件的计算与画线问题，这里再举一个涉及较多三角计算与画线的例子，即做K字形靠背椅子的方法。K字形靠背椅子用料省，取材方便，但由于计算比较复杂，过去我们一般都是根据放样板去下料，可是这样做既伤料，装配又费时，因为它的结构中角度不一，坡度变化多，难以做到取材精确、一次装配成功。为了解决这个问题，我们利用前面讲过的求任意三角形边长和坡度的计算方法，计算一把五斜型（有5个不同画线坡度）的K字形椅子。

【例2】已知K字形靠背椅子的侧坐长为36厘米，点 D 与地面的垂直距离为40厘米，详细尺寸见图6-2。设 $\angle B$ 坡度为50%，求各角画线坡度及斜档长度。

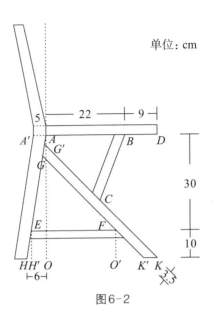

单位：cm

图6-2

解：(1)求各角画线坡度。

①求∠A′坡度。

连接DK，从图6-2中，我们看到A′D、DK、A′K构成直角三角形A′DK。

根据坡度＝邻边÷对边，得∠A′坡度＝36÷40＝0.9（即90%）。

②求∠F坡度。

根据平行线的性质，∠A′＝∠F，所以这两个角坡度也相等，故∠F坡度＝∠A′坡度＝90%。

③求∠E坡度。

根据搭方尺原理，∠E坡度＝∠H坡度，根据坡度＝邻边÷对边，得∠H坡度＝6÷40＝0.15（即15%），故∠E坡度为15%。

④求∠C坡度。

　　根据三角形内角和关系，在斜三角形 $A'BC$ 中，已知 $\angle A'$ 坡度为 90%，查附录表二得 $\angle A'$ 为 48° 01′；已知 $\angle B$ 坡度为 50%，查附录表三得 $\angle B$ 为 63° 26′。

　　所以 $\angle C = 180° - (\angle A' + \angle B) = 180° - (48° 01′ + 63° 26′) = 68° 33′$，查附录表二得 $\angle C$ 坡度为 39.29%。

　　⑤求 $\angle G$ 坡度。

　　根据三角形内角和关系，在斜三角形 GFE 中，已知 $\angle E$ 坡度为 15%，查附录表二得 $\angle E = 81° 28′$；已知 $\angle F = \angle A' = 48° 01′$。

　　所以 $\angle G = 180° - (81° 28′ + 48° 01′) = 50° 31′$，查附录表二得 $\angle G$ 坡度为 82.38%。

　　至此，除有设计要求的 $\angle B$ 坡度之外，我们分别求得了其余各角的坡度，共有 5 种不同的坡度值：

　　$\angle F$ 坡度 $= \angle A'$ 坡度 $= \angle K'$ 坡度 $= \angle K$ 坡度 $= 90\%$；

　　$\angle B$ 坡度 $= 50\%$；

　　$\angle C$ 坡度 $= 39.29\%$；

　　$\angle G$ 坡度 $= 82.38\%$；

　　$\angle E$ 坡度 $= \angle H$ 坡度 $= 15\%$。

　　（2）计算斜档长度与榫接距离。

　　①先求前脚 $G'K$ 长度。

　　在斜三角形 $G'HK$ 中，前后脚间距 $HK = 6 + 22 + 9 = 37$（厘米）。根据坡度系数定理（一），$G'K = HK \times \angle G$ 坡度系数 $\div \angle H$ 坡度系数。

　　已知 $\angle G$ 坡度为 82.38%，查附录表三得 $\angle G$ 坡度系数 1.2956。

　　已知 $\angle H$ 坡度为 15%，查附录表三得 $\angle H$ 坡度系数为 1.0112。

　　将数值代入，得前脚 $G'K = 37 \times 1.2956 \div 1.0112 \approx 47.41$（厘米）。

②求后脚 AH 长度。

在直角三角形 AHO 中，大边 $AO = 30 + 10 = 40$（厘米），AH 为斜边。已知 $\angle H$ 坡度系数为 1.0112。

根据斜边＝大边×$\angle H$ 坡度系数，得后脚 AH 长度＝ $40 \times 1.0112 \approx 40.45$（厘米）。

③求斜档 BC 的长度。

在斜三角形 $A'BC$ 中，已知 $A'B = 22 + 5 = 27$（厘米）。

根据坡度系数定理（一），$BC = A'B \times \angle C$ 坡度系数÷$\angle A'$ 坡度系数。

已知 $\angle C$ 坡度 39.29%，查附录表三得 $\angle C$ 坡度系数 1.0744；$\angle A'$ 坡度为 90%，查附录表三得 $\angle A'$ 度系数为 1.3454。

故斜档 $BC = 27 \times 1.0744 \div 1.3454 \approx 21.56$（厘米）。

④求榫接距离 $G'C$。

从图 6-2 中知，榫接距离 $G'C = A'C - A'G'$。

（i）求 $A'C$ 的长度。

在斜三角形 $A'BC$ 中，已知 $A'B$ 为 27 厘米。

根据坡度系数定理（一），$A'C = A'B \times \angle C$ 坡度系数÷$\angle B$ 坡度系数。

已知 $\angle B$ 坡度为 50%，查附录表三得 $\angle B$ 坡度系数为 1.1180，将数值代入，得 $A'C = 27 \times 1.0744 \div 1.1180 \approx 25.95$（厘米）。

（ii）求 $A'G'$ 的长度。

在斜三角形 $A'AG'$ 中，已知 $A'A$ 为 5 厘米。

根据坡度系数定理（一）且 $\angle A'AG' = \angle E$，$A'G' = A'A \times \angle G$ 坡度系数÷$\angle E$ 坡度系数。

已知 $\angle G$ 坡度系数为 1.2956，$\angle E$ 坡度系数为 1.0112。

故 $A'G' = 5 \times 1.2956 \div 1.0112 \approx 6.41$（厘米）。

将求得的 $A'C$、$A'G'$ 长度代入原式，得榫接距离 $G'C =$ $25.95 - 6.41 = 19.54$（厘米）。

⑤求榫接长度 EH、FK'。

在直角三角形 EHH'、$FK'O$ 中，EH、FK 分别是这两个三角形的斜边，EF 与地面的垂直距离为大边长度，根据斜边＝大边×坡度系数：

在直角三角形 EHH' 中，已知 $\angle H$ 坡度系数为 1.0112，故榫接长度 $EH = 10 \times 1.0112 \approx 10.11$（厘米）；

在直角三角形 $FK'O'$ 中，已知 $\angle K'$ 坡度系数＝ $\angle A'$ 坡度系数 ＝ 1.3454，故榫接长度 $FK' = 10 \times 1.3454 \approx 13.45$（厘米）。

⑥求 EF 的长度。

从图中可以看出，$EF = HK - HH' - O'K' - K'K$，下面分别求它们的长度。

（i）求 HK 的长度。

由（2）①知，$HK = 37$ 厘米。

（ii）求 HH' 的长度。

在直角三角形 $EH'H$ 中，$H'H$ 为小边，$EH' = 10$ 厘米，为大边，根据小边＝大边× $\angle H$ 坡度，得 $H'H = 10 \times 15\% = 1.5$（厘米）。

（iii）求 $O'K'$ 的长度。

在直角三角形 $FO'K'$ 中，$O'K'$ 为小边，$FO' = 10$ 厘米，为大边，根据小边＝大边× $\angle K$ 坡度，得 $O'K' = 10 \times 90\% = 9$（厘米）。

（iv）求 $K'K$ 的长度。

由图 6-2 中数据，脚档宽统一取 3.5 厘米，过 K' 作 $A'K$ 的垂线交 $A'K$ 于点 M。在直角三角形 $K'MK$ 中，$K'M$ 是大边，$K'K$ 是斜边，根据斜边＝大边× $\angle K$ 坡度系数，得 $K'K = 3.5 \times 1.3454 \approx 4.71$（厘米）。

综上，$EF = HK - HH' - O'K' - K'K = 37 - 1.5 - 9 - 4.71 = 21.79$（厘米）。

本节中，我们以一把K字形椅子为例，根据已知条件，重点计算了5种不同坡度及相应的斜档长度。计算中，各档长度都是节点长度，取材时及端头加不加榫接长度根据具体要求而定。

第三节　圆镜框

在木工活中，我们也可以把弯料拼接成圆框，这些弯料称为弯股。上一章介绍了正多边形的制作方法，在此基础上，这一节介绍用弯股拼接成圆的方法。

【例3】如图6-3，一个圆镜框由等分的四块弯股以交角拼接方式拼成，外径为60厘米。弯股用料宽4厘米，试求圆镜框的弯股长度、拱高、拼接坡度、拼接角的画线。

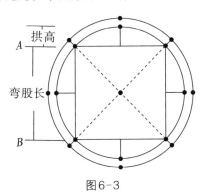

图6-3

解：（1）先求弯股长度。

由图6-3知弯股所对的基数长度AB，我们把这个弯股长称为弦（边）长，其求解公式：正多边形的弦（边）长＝直径×分块系数。

为了便于画线，我们选用内框直径，其长度等于外径减去2个弯股用料宽度，即 $60-2\times4=52$（厘米）。

当分块数为4时，查附录表四得分块系数为0.7071，

将数值代入，得弯股所对的基数长度 $AB=52\times0.7071\approx36.77$（厘米）。

（2）求拱高。

这里所指的拱高就是弦（边）与弯股间的最大垂直距离。这里我们直接利用拱高的计算公式：拱高＝直径×拱高系数。

当分块数为4时，查附录表四得拱高系数为0.1464，将数值代入，得拱高＝ $52\times0.1464\approx7.61$（厘米）。

（3）求拼接坡度。

同样的拼接方式的条件下，弯股的拼接坡度与正多边形的拼接坡度相同。

由此，当分块数为4时，查附录表四得分块交角拼接坡度为100%。

（4）拼接角的画线方法。

我们已经知道正多边形分块交角拼接与分块互角拼接的画线方法，弯股接圆的拼接角画线也与正多边形拼接角的画线方法相同。现在这个圆镜框是交角拼接式，它的拼接角画线同样适用口诀："确立外边向内坡，确立内边向外坡"，如图6-4（圆镜框榫接要求示意图）。这里正四边形分块交角拼接的坡度为100%。根据经验，弯股接圆的拼接采用"确立内边向外坡"容易搭接画线，所以我们采用"确立内边向外坡"方式，一共有四根弯股，其中两根弯股实际取材时，应稍长于基础长度，以备榫接。

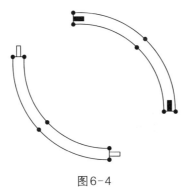

图6-4

第七章
圆弧的分级计算

　　在上一章中，我们介绍了弧形弯股的计算及榫接画线，那么要用什么方法在弯股上做出较精确的弧面？这是本章要解决的问题。李瑞环师傅撰写的《木工简易计算法》第五章"圆弧计算"介绍了坐标求弧方法，这里不再重复。

　　我们知道，在圆的半径可控的情况下，在圆上截取一个弧面比较容易实现，但半径大到一定程度时，就很难操作了。那能不能将三角形计算方法运用在圆弧计算上，给出一个弧面，就能顺利地做出一个圆弧曲线样板？这样省去了放大样的步骤，用样板直接操作，既省时又省料。

　　我把木工在三角活中的简易计算方法与圆弧计算结合起来，通过各种验算，最终找到了圆弧的分级计算方法，编制了圆弧的分级计算表。从表中可以在弦径比1%～100%范围内，查得它的分级拱高系数。分级拱高系数乘以圆弧半径，就得到了所要求的拱高，按所需的样板尺寸，选择把弦长缩小一定倍数，这样做好的样板，已经能达到很好的弧面光度。如果精确度要求更高，可以在这个分级范围内再等分10个坐标，算得每个坐标高度，加以连线，就可得到更光滑的弧面。附录表六是"圆弧拱高系数表",附录表七是"圆弧拱高坐标系数表"。为了便于理解,下面详细阐述。

第一节　圆弧半径的计算方法

如图7-1,为了制作圆弧AD跨度上的AB和BD弧面曲线,先要求这个圆的半径。我们把跨线AD一分为二,得到半跨b(即半弦长)。假如已知条件是拱高$a=$49,半跨$b=70$。虽然可以通过数学方法计算得到这个圆弧对应的圆的半径,但木工活有的时候不

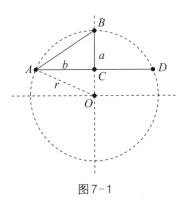

图7-1

是单纯的数学运算,我们可以借用坡度,把复杂运算过程转化成数表形式。下面就介绍如何运用坡度来求圆弧的半径。

一、直接查表求圆弧半径

给出"圆弧半径系数表",见附录表五。表中,拱弦比指拱高与半弦长之比,用公式表示:

拱弦比=拱高÷半弦长。

由图7-1可知,这个比值相当于三角形ABC中的$\angle B$坡度值。在这个表中,可以查到拱弦比在1%~100%范围内的比值,这个比值称为圆弧半径系数。用这个圆弧半径系数乘以半弦长,就是所求的圆弧半径。用公式表示:

圆弧半径=半弦长×圆弧半径系数。

【例1】已知拱高为49,半跨(半弦长)为70,求圆弧的半径。

解：（1）先求拱弦比。

由拱弦比＝拱高÷半弦长，

得拱弦比＝49÷70＝0.7（即70%）。

（2）查圆弧半径系数。

当拱弦比为70%时，查圆弧半径系数表得圆弧半径系数为1.0643。

（3）求圆弧半径。

由圆弧半径＝半弦长×圆弧半径系数，

得圆弧半径＝70×1.0643≈74.50。

二、直接用圆弧半径系数公式求圆弧半径

我们从上面的例子中知道，由拱弦比查表得到圆弧半径系数，再乘以半弦长，就得到了圆弧半径，整个过程相当便捷。但有一个必要条件，即拱弦比乘以100是整数才能在这个表里直接查到。在实际操作中，如果碰到拱弦比乘以100是小数该怎么办？虽然可以在查表后用插值法估算圆弧半径系数，但这样既麻烦又不精确。为了方便，我借用坡度的原理，给出一个简单公式直接计算圆弧半径系数，即：

圆弧半径系数＝（∠A坡度＋∠B坡度）÷2

这个公式有两个优点：一是不管∠A坡度或∠B坡度是多少，都可以通过简单的计算直接得到圆弧半径系数；二是减少了已知条件的限制，它不再局限于知道拱高、半弦长。

【例2】用直接公式法验证例1中圆弧半径系数的计算结果。

解：（1）求∠A坡度。

∠A坡度＝70÷49≈1.4286。

（2）求∠B坡度。

∠B坡度＝49÷70＝0.70。

（3）代入圆弧半径系数公式。

圆弧半径系数＝（∠A坡度＋∠B坡度）÷2＝（1.4286＋0.70）÷2＝1.0643。

验证：结果与例1中查"圆弧半径系数表"所得数值完全相同。

【例3】图7-2是一座拱桥的示意图。已知它的拱高a为24米，半弦长b为65米，试用圆弧半径系数公式求圆弧半径r。

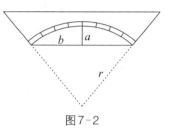

图7-2

解：（1）先求∠A坡度。

∠A坡度＝65÷24≈2.7083。

（2）求∠B坡度。

∠B坡度＝24÷65≈0.3692。

（3）代入圆弧半径系数公式。

圆弧半径系数＝（∠A坡度＋∠B坡度）÷2＝（2.7083＋0.3692）÷2＝1.5388。

（4）代入圆弧半径公式。

圆弧半径＝65×1.5388≈100.022（米）。

在例3中，为了便于理解，我们分步讲述，熟练后，我们可以将两个公式合成一个公式，直接计算圆弧半径。用公式表示：

圆弧半径＝半弦长×（∠A坡度＋∠B坡度）÷2

第二节 圆弧拱高的计算方法

在实际作业中，我们往往要按设计要求进行圆弧操作，那么给定半径、跨度后，有没有直接求圆弧拱高的公式呢？在此，我们先给出"圆弧拱高系数表",即附录表六。在这个表中,根据半弦长除以半径求得的比例(以下称为"弦径比")就可以查到圆弧拱高系数,再用半径乘以圆弧拱高系数就得到了拱高。用公式表示:

拱高=半径×圆弧拱高系数。

一、圆弧拱高的计算

【例4】木工师傅计划搭建一座大工棚,设计圆弧半径 $r=200$ 米,半弦长 $b=60$ 米,如图7-3,求工棚的拱高 a。

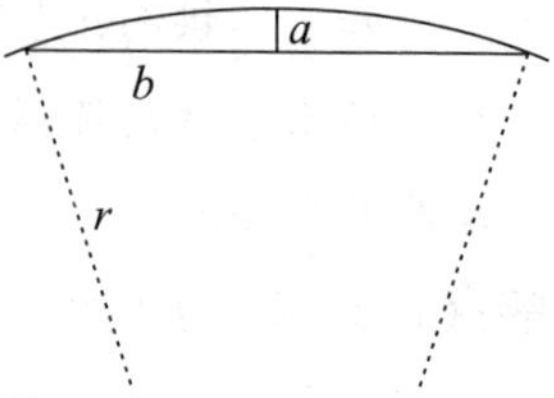

图7-3

解:(1)求弦径比。

由弦径比=半弦长÷半径,得弦径比$=60÷200=0.3$,用百分比表示,为30%。

(2)根据弦径比查拱高系数。

当弦径比为30%时,查附录表六,得拱高系数为4.6061%。

(3)代入拱高公式。

拱高$=200×4.6061\%=9.2122$(米)。

二、圆弧等分拱高的计算

在上面的例4中,我们计算出了工棚的拱高,之后就可以根据跨度120米、拱高9.2122米进行施工了。如果我们还想得到更光滑的弧面,可以进行等分拱高计算,也就是坐标法计算。附录表七就是"圆弧拱高坐标系数表",在例4中,我们已经计算出弦径比为30%,再查附录表七可得10个坐标拱高系数,分别乘半径(200米),得到各个坐标的高度,再加以连接,就得到了更光滑的弧面。

第三节　圆弧分级拱高的计算方法

现在我们已经知道了求圆弧半径的方法，理论上，求得半径后，可以用半径直接画弧取得弦弧线；我们还知道了利用弦径比查到拱高系数后，乘以半径得到圆弧拱高，这样，在实际操作中半径可控的情况下，就可以直接做出画弧样板。但当半径很大时，我们就没法直接操作了，要考虑另外的办法。在圆的半径确定后，弦跨越长，拱高也越高，可以利用这一特点在计算时把弦长尽量缩小，缩小到方便操作为止。需要说明的是，不管把弦长缩小到什么程度，圆弧所对应的半径始终不变，求拱高的原理也不变。

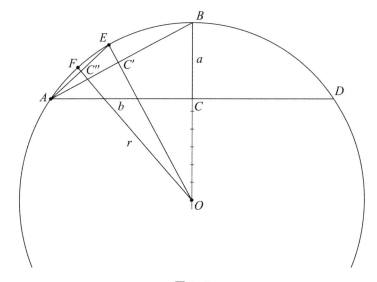

图 7-4

图 7-4 是圆弧分级示意图。AD 跨长的二分之一为半跨 AC，我们称它为 1/2 级弦长；然后，以三角形 ABC 的斜边 AB 作为跨长，再把 AB 等分，中点为 C'，AC'约等于 AD 长的四分之一，我们称它为 1/4 级弦长；以三角形 AEC'的斜边 AE 作为跨长，再把 AE

等分，得到 AC''，AC'' 约等于 AD 长的八分之一，我们称它为 1/8 级弦长；以此类推，把半弦长越缩越小，每一级里的拱高也越来越小。这样得到的圆弧曲线越来越光滑，但在计算上也越来越费时。为了达到操作上的精度，计算上又不能太麻烦，我在大量的计算后编成"圆弧分级拱高系数表"，即附录表八，这样可以省去很多麻烦，节省时间。这个表的范围是 1/2 弦长级到 1/128 弦长级，每级里同时包含所对应的弦径比系数、拱高系数和斜边长系数。如需求该级的半弦长、拱高和斜边长，只要用该级的弦径比系数、拱高系数和斜边长系数分别乘以圆弧的半径长度就可得到。在 1/2 弦长级到 1/128 弦长级范围内，每增加一级，计算得到的半弦长、拱高和斜边长就相当于缩小一次的直角三角形的三条边。1/2 弦长级的三条边最长，对应的三角形也最大，随着弦长级的提升，每一级的三条边越来越短，所对应的三角形也越来越小，最终得到的圆弧曲线越来越光滑。我们可以根据需要选定弦长级，通过计算得到该级的数据，直接用于做样板。

【例5】如图7-5的圆弧，半径为7米，半弦长为6.3米，试求它在 1/8 弦长级的半弦长和拱高。

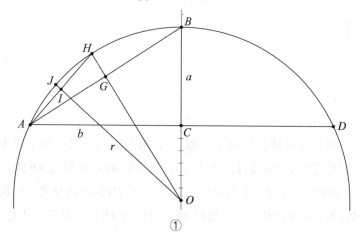

①

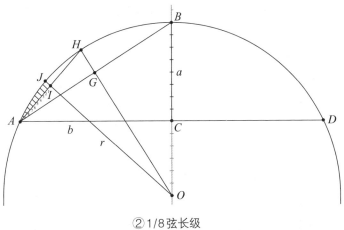

②1/8弦长级

图7-5

解：（1）先确定1/2弦长级的弦径比。

需要注意，不管求哪一级的半弦长和拱高，需先确定1/2弦
长级的弦径比。

由弦径比＝半弦长÷半径，得本级弦径比＝6.3÷7＝90%。

（2）查附录表八，得1/8弦长级的弦径比系数和拱高系数。

当（1/2弦长级）弦径比为90%时，它在"圆弧分级拱高系数
表"（附录表八）上对应查得1/8弦长级的弦径比系数和拱高系数
分别是27.6300%、3.8929%。

（3）求1/8弦长级的半弦长和拱高。

根据半弦长＝半径×弦径比系数，

得本级半弦长＝7×27.6300%＝1.9341（米）。

根据拱高＝半径×拱高系数，

得本级拱高＝7×3.8929%≈0.2725（米）。

得到了1/8弦长级的半弦长和拱高，就可以按半弦长1.9341
米和拱高0.2725米制作圆弧样板了。

第四节　圆弧分级拱高等分的计算方法

有了圆弧分级拱高的计算方法，在制作圆弧样板方面，比直接制作样板半弦长在操作上方便了很多，但有时为了达到更高的要求，需要更光滑的曲线弧面。这里，我们同样采用第二节中的方法，在分级求得拱高的基础上，运用等分坐标法，在分级的半弦长上再等分10个坐标，求得各个坐标高度，再将各个点连接，得到一个更光滑的弧面。"圆弧拱高坐标系数表"（附录表七）同样可以帮助解决这一问题，该表不仅可以将1/2级半弦长等分后求坐标系数，也可以把每个分级所对应的半弦长再等分，求坐标系数。

【例6】一个弧面的拱高是10米，半弦长是30米，试做一个1/32弦长级的样板。

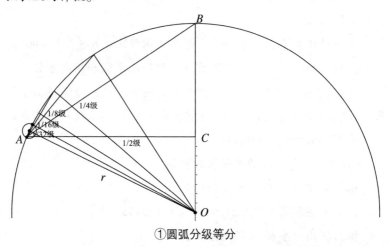

①圆弧分级等分

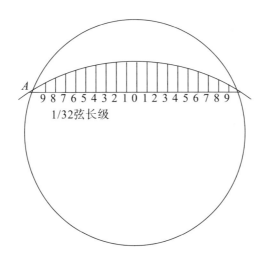

②圆弧1/32弦长级等分

图7-6

解： 如图7-6。

（1）计算圆弧半径。

根据圆弧半径公式：圆弧半径＝半弦长×（∠A坡度＋∠B坡度）÷2，

将数值代入，得圆弧半径＝30×（30÷10＋10÷30）÷2＝50（米）。

（2）求它在1/2弦长级的弦径比。

根据求弦径比公式：弦径比＝半弦长÷圆弧半径，

将数值代入，得本级弦径比＝30÷50＝0.6，即60%。

（3）求它在1/32弦长级的拱高系数、弦径比系数。

当1/2弦长级的弦径比为60%时，直接查附录表八，得1/32弦长级的拱高系数为0.0809%，弦径比系数为4.0208%。

（4）求它在1/32弦长级的半弦长、拱高。

①求半弦长。

根据半弦长＝圆弧半径×弦径比系数，

得半弦长＝50×4.0208％＝2.0104（米）。

②求拱高。

根据拱高＝圆弧半径×拱高系数，

得拱高＝50×0.0809％＝0.04045（米）。

（5）求1/32弦长级所对应的拱高坐标系数。

①查附录表八可知，1/32弦长级的弦径比系数、坐标弦径比均是4.0208％。

同一弦长级的弦径比系数和坐标弦径比相同。这一结论是由我在大量计算、验算基础上得出的，过程十分复杂，这里不再阐述，木工师傅们只要知道该结论，在实际使用时查表取值即可。

②根据坐标弦径比确定各拱高坐标系数。

我们已经得到坐标弦径比为4.0208％，当弦径比乘以100是整数时，我们可以直接查表得到拱高坐标系数；不是整数时，我们用插值法计算得到。

现在看本题，我们来求0号拱高坐标系数，在附录表七中查得弦径比4％的系数是0.0800％，查得弦径比5％的系数是0.1251％，它们的差是0.0451％。弦径比0.0208％的拱高坐标系数用0.0451％乘0.0208来估计：0.0451％×0.0208≈0.0009％。

那么4.0208％的拱高坐标系数就等于弦径比4％的拱高坐标系数加弦径比0.0208％的拱高坐标系数，即0.0800％＋0.0009％＝0.0809％。接下来，用同样的方法计算得到1号至9号的拱高坐标系数分别如表7-2：

表7-2

坐标	拱高坐标系数
0号坐标	0.0809%
1号坐标	0.0802%
2号坐标	0.0777%
3号坐标	0.0737%
4号坐标	0.0680%
5号坐标	0.0607%
6号坐标	0.0518%
7号坐标	0.0413%
8号坐标	0.0292%
9号坐标	0.0154%

③计算各拱高坐标。

根据拱高＝圆弧半径×拱高坐标系数,将数值代入:

0号拱高＝50×0.0809%≈0.0405(米);

1号拱高＝50×0.0802%≈0.0401(米);

2号拱高＝50×0.0777%≈0.0389(米);

3号拱高＝50×0.0737%≈0.0369(米);

4号拱高＝50×0.0680%≈0.0340(米);

5号拱高＝50×0.0607%≈0.0304(米);

6号拱高＝50×0.0518%≈0.0259(米);

7号拱高＝50×0.0413%≈0.0207(米);

8号拱高＝50×0.0292%≈0.0146(米);

9号拱高＝50×0.0154%≈0.0077(米)。

通过以上计算，我们得到的样板尺寸：半弦长约为2.0104米，各坐标拱高如上。接下来，就可用这个尺寸连线画弧，制作出更光滑的圆弧样板了。

掌握了这个方法，在今后的实际作业中，就可以根据自己的需要和精确度要求进行操作了。

第五节　圆弧搭肩画线的方法

本章前四节围绕画弧的光滑度展开，目的是制作出更光滑的圆弧样板。在有了符合要求的圆弧样板后，如何画弧线呢？传统方法是拿着样板紧贴作业面画弧。经验告诉我们，后一次画弧要依靠前一次画的弧线。我们知道，依靠前一次弧线画弧，搭口越长，画成后离圆弧样板越接近，但工作效率越低；而搭口越短，工作效率越高，但精确度越差。如何能又快又精确地画好弧线呢？下面分享的方法，是依靠搭肩的方式来画弧线，原理是找到一个搭肩坡度来画圆弧。我们分两步来解释。

第一步，弄清根据搭肩坡度画圆弧的过程。

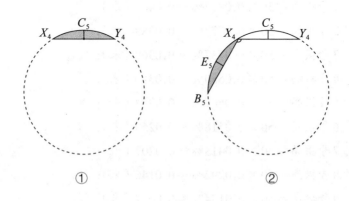

①　　　　　　　　　　　②

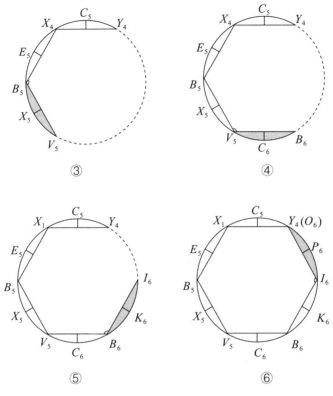

图 7-7

首先，按照要求做好一个圆弧样板，如图 7-7①阴影部分所示。现在根据该圆弧样板画一个圆。画好第一块样板后，通过搭肩，接下来画第二块，如图 7-7②；接着画第三块，如图 7-7③；以此类推，直到画完。

第二步，搭肩坡度的计算。

我们用一个例子详细展开。

【例7】如图 7-8，设计一个洞门，直径为 2.6 米，圆弧样板弦长为 1 米。已经通过求圆弧的方法求得圆弧样板拱高为 0.1 米，半弦长为0.5米。试计算这个圆洞门的搭肩坡度。

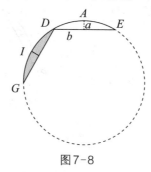

图7-8

【分析】为了方便计算，我借用坡度的原理，计算出"圆弧搭肩坡度表"（表7-3）。只要知道拱弦比，查该表，就可知道圆弧搭肩坡度。

解：已知拱高为0.1米，半弦长为0.5米。

（1）先求拱弦比。

由拱弦比＝拱高÷半弦长，

代入数值得，0.1÷0.5＝0.2，即拱弦比为20%。

（2）查表7-3。

当拱弦比为20%时，查得搭肩坡度为0.9917，即99.17%，那么这个圆洞门我们就以99.17%作为搭肩坡度。

表7-3　圆弧搭肩坡度表

拱弦比/%	搭肩坡度	拱弦比/%	搭肩坡度	拱弦比/%	搭肩坡度	拱弦比/%	搭肩坡度
1	24.9875	26	0.6177	51	0.3266	76	1.6603
2	12.4750	27	0.5672	52	0.3620	77	1.7593
3	8.2958	28	0.5190	53	0.3978	78	1.8663
4	6.1999	29	0.4729	54	0.4343	79	1.9827
5	4.9374	30	0.4287	55	0.4715	80	2.1097
6	4.0914	31	0.3860	56	0.5094	81	2.2492
7	3.4836	32	0.3447	57	0.5482	82	2.4032

拱弦比/%	搭肩坡度	拱弦比/%	搭肩坡度	拱弦比/%	搭肩坡度	拱弦比/%	搭肩坡度
8	3.0245	33	0.3047	58	0.5880	83	2.5742
9	2.6645	34	0.2659	59	0.6288	84	2.7656
10	2.3740	35	0.2279	60	0.6708	85	2.9814
11	2.1339	36	0.1908	61	0.7142	86	3.2269
12	1.9316	37	0.1545	62	0.7589	87	3.5089
13	1.7583	38	0.1188	63	0.8053	88	3.8366
14	1.6079	39	0.0836	64	0.8534	89	4.2225
15	1.4757	40	0.0488	65	0.9034	90	4.6841
16	1.3583	41	0.0144	66	0.9556	91	5.2466
17	1.2530	42	0.0197	67	1.0101	92	5.9478
18	1.1579	43	0.0536	68	1.0672	93	6.8475
19	1.0712	44	0.0875	69	1.1272	94	8.0446
20	0.9917	45	0.1212	70	1.1904	95	9.7179
21	0.9183	46	0.1550	71	1.2571	96	12.2245
22	0.8502	47	0.1888	72	1.3278	97	16.3976
23	0.7866	48	0.2229	73	1.4029	98	24.7374
24	0.7270	49	0.2571	74	1.4829	99	49.7437
25	0.6708	50	0.2917	75	1.5685	100	/

　　通过以上内容，我们知道，求得拱弦比就能查到圆弧搭肩坡度。这样，在不知道圆心位置的情况下，通过搭肩坡度来画圆弧，既能提高效率，又能保证精确性。有了"圆弧搭肩坡度表"，我们就不需要再进行繁复的计算了，但该表也有局限性，即只有当拱弦比为整数时才能直接使用。但通常情况下拱弦比不是整数，因此最好有一个可以直接计算结果的公式。我们借用坡度的原理给出下面的简化公式：

　　圆弧搭肩坡度＝1÷（∠A坡度－∠B坡度）－（∠A坡度－∠B坡度）÷4

注：本公式同样适用于任意角的度数与坡度的关系。

我们用该公式验证例7中搭肩坡度的计算结果，将数字直接代入，得圆弧搭肩坡度＝$1 \div (0.5 \div 0.1 - 0.1 \div 0.5) - (0.5 \div 0.1 - 0.1 \div 0.5) \div 4 \approx 0.2083 - 1.2 \approx -0.9917$。圆弧搭肩坡度带负号表示它的坡度角大于$90°$，是这个角的邻角的坡度值。

现在，我们有了圆弧搭肩坡度公式，在今后的作业中就可以根据拱弦比，灵活选择查表或公式计算方法。得到圆弧样板的搭肩坡度后再进行操作，既提高了工作效率，又保证了精确度。

第八章
椭圆的计算和画弧

第一节 绳子画椭圆法

在生产实践中，木工师傅也会碰到椭圆活，不少师傅用"三点一线"方法画椭圆：用两枚钉子、一根没有伸缩的绳，沿着绳子画一圈就能得到一个椭圆。这种"绳子画椭圆法"操作方便，但要多次实验后才能画出满意的效果。也就是说，画一个椭圆容易，但要画一个符合设计要求的椭圆就有点困难，我们用图8-1加以说明。

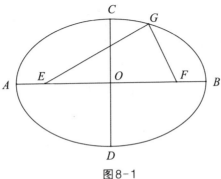

图8-1

图8-1是采用绳子画椭圆法所作的图，我们称AB轴为长轴，CD轴为短轴。由于所要的椭圆的大小和形状依据长短轴的比例而定，要符合设计要求，就要计算E、F两点的距离。为了简化计算，我编制了"椭圆E、F两点系数表"（表8-1）。为了方便大家了解绳子画椭圆法，下面举例说明。

【例1】要画一个如图8-1所示的椭圆，设计要求：长轴AB为200厘米，短轴为CD130厘米。试计算E、F两点之间的距离并画椭圆（只写出画图步骤）。

解：（1）先计算短长轴比例。

根据短长轴比＝短轴长度÷长轴长度，

将数值代入，得130÷200＝0.65，即短长轴比为65%。

（2）查椭圆E、F两点的系数。

当短长轴比为65%时，查表8-1，得到对应的值为0.7599。

（3）计算E、F两点之间的距离。

由计算公式：E、F两点之间的距离＝长轴长×E、F两点系数，

将数值代入，得E、F两点之间的距离＝200×0.7599＝151.98（厘米）。

（4）画椭圆。

先作垂直平分线，找到长短轴的中点O，由O平分EF，得OF＝OE＝75.99厘米。固定好两枚钉子，取绳长（EGF）为200厘米，拉直绳子绕一圈，就画好了我们所要的椭圆。

今后我们只要知道短长轴之比，查表就可以很方便地计算E、F两点之间的距离，画出我们所要的椭圆了。

表8-1 椭圆 E、F 两点系数表

短长轴比/%	E、F两点系数	短长轴比/%	E、F两点系数	短长轴比/%	E、F两点系数	短长轴比/%	E、F两点系数
20	0.9798	36	0.9330	52	0.8542	68	0.7332
21	0.9777	37	0.9290	53	0.8480	69	0.7238
22	0.9755	38	0.9250	54	0.8417	70	0.7141
23	0.9732	39	0.9208	55	0.8352	71	0.7042
24	0.9708	40	0.9165	56	0.8285	72	0.6940
25	0.9682	41	0.9121	57	0.8216	73	0.6834
26	0.9656	42	0.9075	58	0.8146	74	0.6726
27	0.9629	43	0.9028	59	0.8074	75	0.6614
28	0.9600	44	0.8980	60	0.8000	76	0.6499
29	0.9570	45	0.8930	61	0.7924	77	0.6380
30	0.9539	46	0.8879	62	0.7846	78	0.6258
31	0.9507	47	0.8827	63	0.7766	79	0.6131
32	0.9474	48	0.8773	64	0.7684	80	0.6000
33	0.9440	49	0.8717	65	0.7599	81	0.5864
34	0.9404	50	0.8660	66	0.7513	82	0.5724
35	0.9367	51	0.8602	67	0.7424	83	0.5578

注：表中只列出了常用的短长轴比例。

第二节 圆弧拼接画椭圆法

在这一节开始前，我先解释一下讲圆弧样板的原因。有的人家里的圆桌四个方向均有一块板可以往下翻，当四块板翻下后，中间就留下了一个正方形桌面；如果把椭圆桌也做成这样的形式，就留下了一个长方形桌面。不管留下的是正方形还是长方形，翻下去的相互对称的板材都是圆弧形，正方形桌圆弧板材都相

91

同，椭圆形桌相对的圆弧板材对称相同。可见椭圆是两对相同的圆弧形中间夹着一个长方形拼接而成的，圆弧形和长方形的大小决定椭圆的大小，圆弧形和长方形的形状决定椭圆的形状。这一节，我们讲述两对对称相同的圆弧形怎样构成一个椭圆，也就是讲述用不同的两对对称的圆弧样板，拼接成不同的椭圆物件。请看下例：

【例2】要画一个椭圆，设计要求：长轴200厘米，短轴120厘米。试用圆弧样板的方法拼接一个椭圆。

【分析】为了方便计算，我制作了"椭圆拼接系数表"（表8-2），里面给出了拱高系数、长轴半弦系数、短轴半弦系数，只要知道短长轴比例，通过简单计算，就可以求得拱高及长轴、短轴的半弦长。

解：（1）计算短长轴比例。

按照设计要求，长轴200厘米，短轴120厘米，由短长轴比＝短轴长度÷长轴长度，将数值代入，得短长轴比＝120÷200＝0.6，即60%。

（2）查"椭圆拼接系数表"。

当短长轴比为60%时，查得：拱高系数为0.2169、长轴半弦系数为0.3831、短轴半弦系数为0.7831。

（3）计算拱高、长轴半弦长度、短轴半弦长度。

根据公式：拱高＝长轴长÷2×拱高系数；

长轴半弦长度＝长轴长÷2×长轴半弦系数；

短轴半弦长度＝长轴长÷2×短轴半弦系数；

将数值代入，得拱高＝200÷2×0.2169＝21.69（厘米）；

长轴半弦长度＝200÷2×0.3831＝38.31（厘米）；

短轴半弦长度＝200÷2×0.7831＝78.31（厘米）。

（4）做长短轴圆弧样板。

按拱高、长轴半弦的长度制作长轴圆弧样板，如图8-2所示。

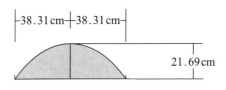

图8-2

按拱高、短轴半弦的长度制作短轴圆弧样板，如图8-3所示。

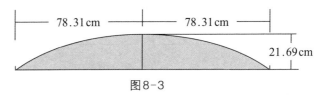

图8-3

（5）将上面做好的长轴和短轴圆弧样板拼接成椭圆，如图8-4所示。

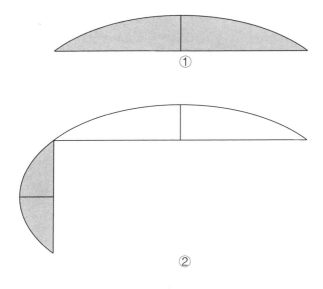

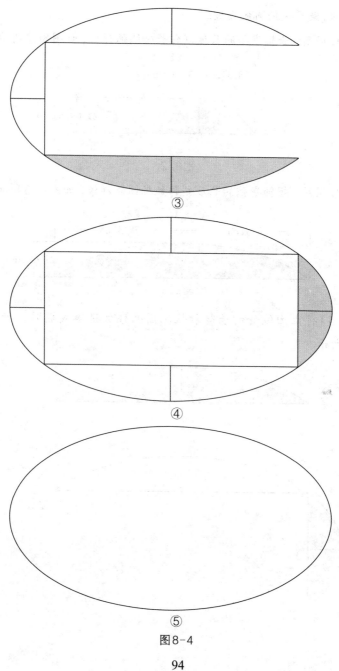

③

④

⑤

图8-4

表8-2　椭圆拼接系数表

短长轴比/%	拱高系数	长轴半弦系数	短轴半弦系数	短长轴比/%	拱高系数	长轴半弦系数	短轴半弦系数
20	0.0901	0.1099	0.9099	52	0.1964	0.3236	0.8036
21	0.0941	0.1159	0.9059	53	0.1991	0.3309	0.8009
22	0.0980	0.1220	0.9020	54	0.2018	0.3382	0.7982
23	0.1019	0.1281	0.8981	55	0.2044	0.3456	0.7956
24	0.1058	0.1342	0.8942	56	0.2069	0.3531	0.7931
25	0.1096	0.1404	0.8904	57	0.2095	0.3605	0.7905
26	0.1134	0.1466	0.8866	58	0.2120	0.3680	0.7880
27	0.1171	0.1529	0.8829	59	0.2145	0.3755	0.7855
28	0.1208	0.1592	0.8792	60	0.2169	0.3831	0.7831
29	0.1244	0.1656	0.8756	61	0.2193	0.3907	0.7807
30	0.1280	0.1720	0.8720	62	0.2217	0.3983	0.7783
31	0.1315	0.1785	0.8685	63	0.2240	0.4060	0.7760
32	0.1350	0.1850	0.8650	64	0.2264	0.4136	0.7736
33	0.1385	0.1915	0.8615	65	0.2287	0.4213	0.7713
34	0.1419	0.1981	0.8581	66	0.2309	0.4291	0.7691
35	0.1453	0.2047	0.8547	67	0.2331	0.4369	0.7669
36	0.1486	0.2114	0.8514	68	0.2354	0.4446	0.7646
37	0.1519	0.2181	0.8481	69	0.2375	0.4525	0.7625
38	0.1551	0.2249	0.8449	70	0.2397	0.4603	0.7603
39	0.1583	0.2317	0.8417	71	0.2418	0.4682	0.7582
40	0.1615	0.2385	0.8385	72	0.2439	0.4761	0.7561
41	0.1646	0.2454	0.8354	73	0.2459	0.4841	0.7541
42	0.1677	0.2523	0.8323	74	0.2480	0.4920	0.7520
43	0.1707	0.2593	0.8293	75	0.2500	0.5000	0.7500
44	0.1737	0.2663	0.8263	76	0.2520	0.5080	0.7480
45	0.1767	0.2733	0.8233	77	0.2539	0.5161	0.7461
46	0.1796	0.2804	0.8204	78	0.2559	0.5241	0.7441
47	0.1825	0.2875	0.8175	79	0.2578	0.5322	0.7422

短长轴 比/%	拱高 系数	长轴半 弦系数	短轴半 弦系数	短长轴 比/%	拱高 系数	长轴半 弦系数	短轴半 弦系数
48	0.1854	0.2946	0.8146	80	0.2597	0.5403	0.7403
49	0.1882	0.3018	0.8118	81	0.2616	0.5484	0.7384
50	0.1910	0.3090	0.8090	82	0.2634	0.5566	0.7366
51	0.1937	0.3163	0.8063	/	/	/	/

注：表中只列出了常用的短长轴比例。

这一节，我们利用求圆弧的方法拼接成所需要的椭圆，采用这一方法的优点如下：①不受条件限制画弧，确保精确度；②掌握这一方法，能很方便地拼出满足要求的各种式样的椭圆。对于椭圆弧面的光滑度要求，可以采用第七章中圆弧样板求光滑度的方法，这里不再重复。

第三节　半径画椭圆法

在制作小物件时，用找中心、求半径的方法画椭圆，快捷方便，但这种方法的难度在于计算。必须找到它的简化计算方法。这里我还是借用系数给出"椭圆半径系数表"（表8-3），只要按照设计要求中的长、短轴尺寸，查一下该表就可轻松地计算出这个椭圆的长、短轴的半径。请看下面例题。

表8-3　椭圆半径系数表

短长轴 比/%	长轴 系数	短轴 系数	短长轴 比/%	长轴 系数	短轴 系数	短长轴 比/%	长轴 系数	短轴 系数
20	0.1121	4.6396	41	0.2652	2.2022	62	0.4686	1.4770
21	0.1184	4.4079	42	0.2737	2.1494	63	0.4798	1.4557
22	0.1249	4.1978	43	0.2822	2.0993	64	0.4911	1.4352

续表

短长轴比/%	长轴系数	短轴系数	短长轴比/%	长轴系数	短轴系数	短长轴比/%	长轴系数	短轴系数
23	0.1314	4.0065	44	0.2909	2.0516	65	0.5025	1.4153
24	0.1380	3.8316	45	0.2997	2.0062	66	0.5141	1.3962
25	0.1447	3.6712	46	0.3086	1.9630	67	0.5258	1.3777
26	0.1515	3.5235	47	0.3176	1.9218	68	0.5377	1.3598
27	0.1584	3.3871	48	0.3268	1.8825	69	0.5497	1.3426
28	0.1654	3.2609	49	0.3361	1.8449	70	0.5619	1.3259
29	0.1724	3.1437	50	0.3455	1.8090	71	0.5742	1.3097
30	0.1796	3.0347	51	0.3550	1.7747	72	0.5867	1.2940
31	0.1869	2.9331	52	0.3647	1.7417	73	0.5993	1.2789
32	0.1942	2.8381	53	0.3745	1.7102	74	0.6121	1.2642
33	0.2017	2.7491	54	0.3844	1.6800	75	0.6250	1.2500
34	0.2092	2.6657	55	0.3945	1.6510	76	0.6381	1.2362
35	0.2169	2.5874	56	0.4047	1.6231	77	0.6513	1.2228
36	0.2247	2.5136	57	0.4150	1.5964	78	0.6647	1.2099
37	0.2326	2.4441	58	0.4254	1.5706	79	0.6782	1.1973
38	0.2406	2.3785	59	0.4360	1.5459	80	0.6919	1.1851
39	0.2487	2.3165	60	0.4468	1.5221	81	0.7058	1.1732
40	0.2569	2.2578	61	0.4576	1.4991	82	0.7198	1.1617

注：表中只列出了常用的短长轴比例。

【例3】画一个长轴为120厘米，短轴为66厘米的椭圆。

解：（1）计算长轴和短轴半径。

①先计算短长轴比例。

当长轴为120厘米，短轴为66厘米时，将数值代入短长轴比例公式，得短长轴比＝66÷120＝0.55，即55%。

当短长轴比为55%时，查"椭圆半径系数表"，得长轴半径系数为0.3945，短轴半径系数为1.6510。

②计算椭圆的长短轴半径。

根据公式：长轴半径＝长轴长÷2×长轴半径系数，

短轴半径＝长轴长÷2×短轴半径系数，

代入数值，得长轴半径＝120÷2×0.3945＝23.67（厘米），

短轴半径＝120÷2×1.6510＝99.06（厘米）。

（2）依据长轴和短轴半径画椭圆。

如图8-5，$AO_1＝O_2B＝$长轴半径，$YD＝CN＝$短轴半径，按照计算好的长轴和短轴半径，就可以直接画椭圆。

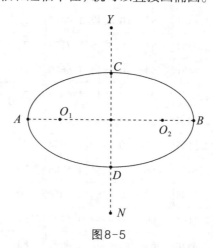

图8-5

现在，我们已经了解了用半径画椭圆的简单方法，并简化了计算步骤。今后，只要条件允许，就可以轻松地按两轴的半径来画椭圆了。

以上三节，我们介绍了画椭圆的三种方法，每种方法应用的公式各不相同，在此，我把三种方法所应用的公式放在一起进行

小结（见表8-4），同时把三种方法的对应参数制成了"椭圆系数表"（即附录表九），便于大家选用。

表8-4 画椭圆的三种方法及其应用公式

方 法	求值	应用公式
绳子画	焦距EF	长轴长×E、F两点系数
样板画	拱高	长轴长÷2×拱高系数
	长轴半弦长度	长轴长÷2×长轴半弦系数
	短轴半弦长度	长轴长÷2×短轴半弦系数
半径画	长轴半径	长轴长÷2×长轴半径系数
	短轴半径	长轴长÷2×短轴半径系数

第四节 椭圆木框的制作

前三节介绍了画椭圆的三种方法，在实际作业中，可根据所处的环境和条件灵活选择，再借用系数，就能轻松得到自己想要的椭圆。如果在一块木板上做一个椭圆，则沿椭圆弧线锯下来即可。如果要做一个椭圆形木式框架，则椭圆的形状和尺寸取决于长、短轴的长度。定下设计要求后，要知道椭圆木框的档子尺寸，以及四块材料的圆弧样板采用的拼接方法，确定它们的拼接方式和画线坡度后，最终把圆弧样板拼接成椭圆框架。在这一节，我们来看圆弧样板拼接成椭圆构件的具体步骤。

【例4】要做一个椭圆形木式框架，设计要求：长轴250厘米，短轴160厘米，要求用3厘米×8厘米的档子，采用交角拼接方式，用四块木料拼接而成。

【分析】对于这个实例，在计算上我们必定要采用画椭圆的第二种方法，用圆弧样板来制作椭圆框架。

解:（1）计算圆弧样板的尺寸。

①计算短长轴比例。

按照设计要求，长轴为250厘米，短轴为160厘米，

由公式：短长轴比＝短轴长度÷长轴长度，

将数值代入，得短长轴比＝160÷250＝0.64，即64%。

②查"椭圆系数表"。

当短长轴比为64%时，查得：拱高系数为0.2264，长轴半弦系数为0.4136，短轴半弦系数为0.7736。

③计算拱高、长轴半弦长度、短轴半弦长度。

根据公式：拱高＝长轴长÷2×拱高系数，

　　　　　长轴半弦长度＝长轴长÷2×长轴半弦系数，

　　　　　短轴半弦长度＝长轴长÷2×短轴半弦系数，

将数值代入，得拱高＝250÷2×0.2264＝28.30（厘米），

　　　　　长轴半弦长度＝250÷2×0.4136＝51.70（厘米），

　　　　　短轴半弦长度＝250÷2×0.7736＝96.70（厘米）。

（2）做长轴和短轴圆弧样板。

按拱高、长轴半弦的长度做长轴圆弧样板，如图8-6所示。

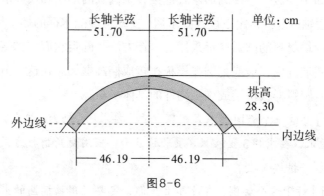

图8-6

再按拱高、短轴半弦的长度做短轴圆弧样板,如图8-7所示。

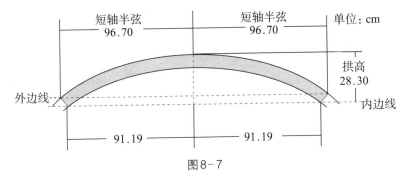

图8-7

(3)确定圆弧样板坡度。

【分析】在第五章中,我们已讲过正多边形分块角的坡度关系,对于椭圆交接角的画线及坡度关系,重点是画线节点的确定。为了方便操作,椭圆圆弧样板画线采用交角拼接方式。这里有三种选择确定交接角的画线坡度。第一种选择依据是外边线节点对准长轴、短轴半径画线,在本例中,它的∠B画线坡度是64%,根据直角三角形坡度定理(一),∠A画线坡度是156.25%。第二种选择依据是内边线节点对准长轴、短轴半径画线,这里∠B画线坡度是61.54%,∠A画线坡度是162.50%。第三种选择依据是内、外边线节点对角画线,这里∠B画线坡度、∠A画线坡度都是100%。前面两种选择虽然画线坡度明确,但操作不便,所以本例采用第三种选择进行画线,交接点明确,容易操作。

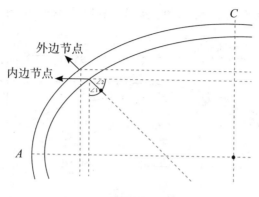

图8-8

从图8-8中可以看到，长轴、短轴交接的角为90°（∠1＝∠2＝45°），也就是长轴和短轴圆弧样板拼接的坡度各为100%。

①确定圆弧内边的短长轴比例。

设计要求用3厘米×8厘米的档子，那么内边椭圆的长轴是250－（8×2）＝234（厘米），短轴是160－（8×2）＝144（厘米），它们的短长轴比＝144÷234≈0.6154，即61.54%。

②计算圆弧内边线长度。

经过计算，圆弧长轴内边线半弦长度为46.19厘米，圆弧短轴内边线半弦长度为91.19厘米。

注：上面短长轴比例是小数，这里计算步骤略过。

（4）按已确定的圆弧样板坡度画线。

①按短轴圆弧样板坡度画线。

按照实例的样板图分为外边线和内边线，我们采用靠住内边线节点画线，也可以参考前面第六章做圆镜框的画线，采用确立"内边向外坡"的方法进行。

根据计算好的短轴圆弧样板长度，按内边线节点坡度画线，由∠B坡度为100%，∠B转动尺位于水平刻度尺的10厘米刻度处，然后依尺画线，如图8-9所示。

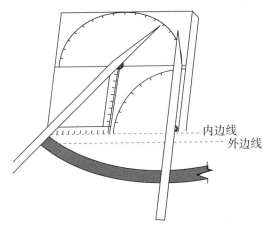

内边线
外边线

图8-9

②按长轴圆弧样板坡度画线。

同样地，根据计算好的长轴圆弧样板长度，按内边线节点坡度画线，由∠A坡度100%，∠A转动尺指在垂直刻度尺10厘米刻度线处，然后依尺画线，如图8-10所示。

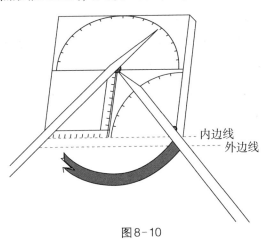

内边线
外边线

图8-10

从图8-10可以看出，对于长轴圆弧样板坡度，我们采用∠A转动尺来画，另外，两个转动尺成直角，符合两块圆弧样板的拼接要求。实物拼接图如图8-11所示。

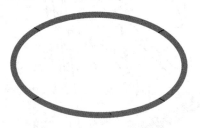

图8-11

以上各章节，我们从理解坡度开始，了解了直角三角形的巧算方法与画线、任意角三角形的巧算方法与画线、正多边形的巧算方法与画线、圆弧拱高的巧算方法与画线、椭圆的巧算与画线。这里说的巧算，实际是把大量的运算过程归集到各个表式里，得到所用的常数，需要时直接拿来用。

本书到这里原本就结束了，书中的计算方法通过简化已经达到了我的预期，同时也不需要太多的数学基础就可以掌握。但看到儿子在计算机上编程，我脑海里忽然有了一个想法，能否借用现代科技的力量，使计算再快捷一步？能不能按照我们的要求给计算机输入指令，让它立即给出我们所需的结果，让它去替我们进行复杂的运算？有了这个想法后，我试着向儿子请教，于是就有了下面的第九章。

第九章
计算机程序的木工运用

　　计算机已经广泛地应用在各行各业，极大地提高了人们的工作效率，因此我在提出本书前八章介绍的计算方法，并反复验证其正确性后，一直考虑能否开发一个计算机小程序，使木工师傅只需要在小程序中输入已知数据，就可以立即得到想要的数据。后来，我与儿子一起开发了分别在计算机和手机上使用的小程序。本章简单介绍了计算机小程序。

第一节　求坡度系数

　　使用计算机小程序求坡度系数时，只需输入已知坡度的数值，就可以立即输出对应的坡度系数。步骤：①双击"木工计算.exe"；②点击"坡度系数"；③在"求坡度系数"一栏"请输入坡度（%）"后的空格中输入坡度数值；④点击"计算"。

　　对照计算举例：

　　【例1】（对照第二章第三节例6）已知∠D坡度为48%，∠E坡度为97%，计算坡度系数。

步骤：

1.计算机运算。

当分别输入变量48、97（分别表示坡度48%、97%）时，立即分别得到该坡度所对应的坡度系数1.1092和1.3932。

运算框如图9-1所示。

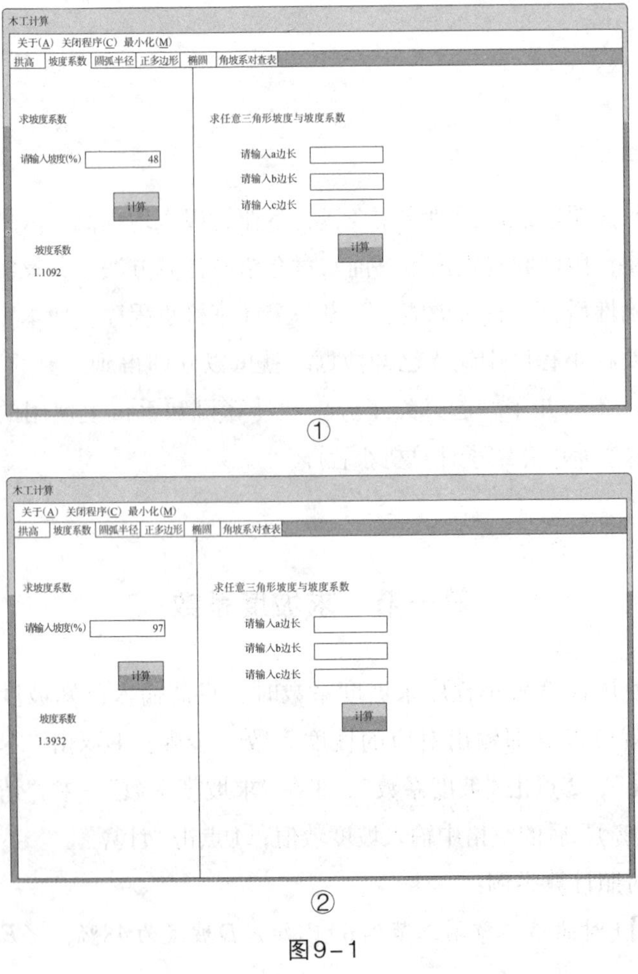

①

②

图9-1

2.验证。

坡度系数计算结果与查附录表三"坡度系数表"的结果相符。

第二节　求角度、坡度、坡度系数

已知角度、坡度或坡度系数，使用计算机小程序只需输入已知量的数值，就可以立即输出对应的另外两个量的数值。步骤：①双击"木工计算.exe"；②点击"角坡系对查表"；③若已知角度，在"已知角度"一栏"请输入已知角的度分秒"的空格中输入数值；④点击"计算"。

同理，若已知坡度，在"已知坡度"一栏"请输入已知坡度（%）"的空格中输入数值，则立即输出角度、坡度系数的数值；若已知坡度系数，在"已知坡度系数"一栏"请输入已知坡度系数"的空格中输入数值，则立即输出角度、坡度的数值。

对照计算举例：

【例2】（对照第四章第一节例题1）已知$\angle A = 80°$，$\angle B = 60°$，$\angle C = 40°$，计算坡度及坡度系数。

步骤：

1.计算机运算。

当分别输入变量80、0、0，60、0、0，40、0、0（它们分别表示度、分、秒）时，立即分别得到该角的坡度及坡度系数。

80°：坡度为17.6327%、坡度系数为1.0154；

60°：坡度为57.7350%、坡度系数为1.1547；

40°：坡度为119.1754%、坡度系数为1.5557。

运算框如图9-2所示。

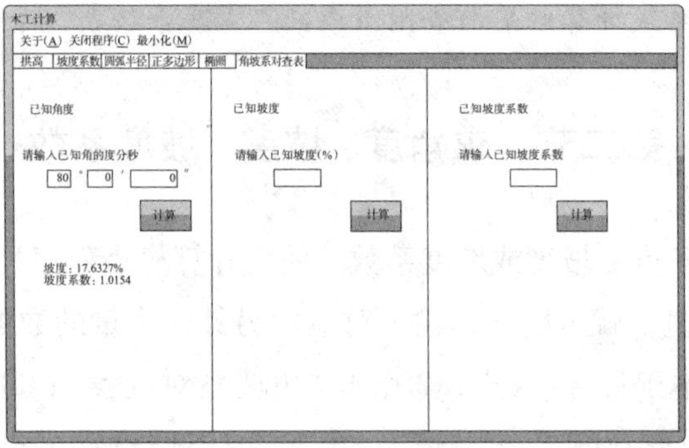

木工计算

关于(A) 关闭程序(C) 最小化(M)

拱高 | 坡度系数 | 圆弧半径 | 正多边形 | 椭圆 | 角坡系对查表

已知角度　　　　　　已知坡度　　　　　　已知坡度系数

请输入已知角的度分秒　　请输入已知坡度(%)　　请输入已知坡度系数

[80] ° [0] ' [0] "

计算　　　　　　计算　　　　　　计算

坡度：17.6327%
坡度系数：1.0154

①

木工计算

关于(A) 关闭程序(C) 最小化(M)

拱高 | 坡度系数 | 圆弧半径 | 正多边形 | 椭圆 | 角坡系对查表

已知角度　　　　　　已知坡度　　　　　　已知坡度系数

请输入已知角的度分秒　　请输入已知坡度(%)　　请输入已知坡度系数

[60] ° [0] ' [0] "

计算　　　　　　计算　　　　　　计算

坡度：57.7350%
坡度系数：1.1547

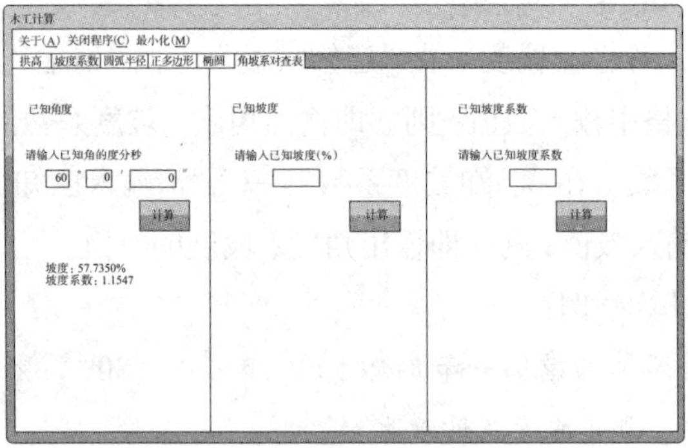

②

木工计算

关于(A) 关闭程序(C) 最小化(M)

拱高 | 坡度系数 | 圆弧半径 | 正多边形 | 椭圆 | 角坡系对查表

已知角度　　　　　　已知坡度　　　　　　已知坡度系数

请输入已知角的度分秒　　请输入已知坡度(%)　　请输入已知坡度系数

[40] ° [0] ' [0] "

计算　　　　　　计算　　　　　　计算

坡度：119.1754%
坡度系数：1.5557

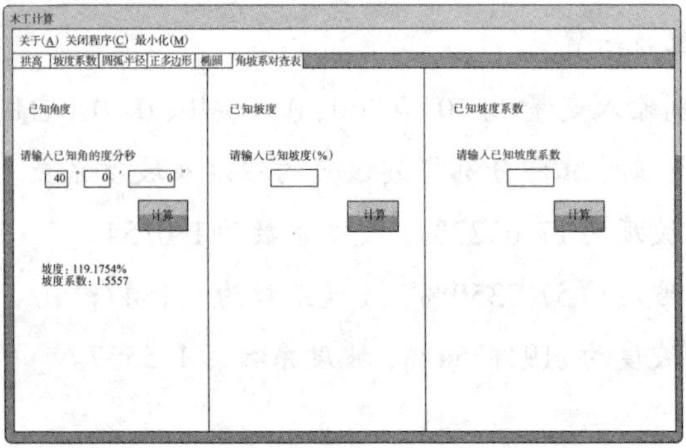

③

图9-2

2．验证。

查附录表二"角度、坡度、坡度系数对查表"，当∠A=80°时，得∠A坡度为17.63%，坡度系数为1.0154；当∠B=60° 时，得∠B坡度为57.74%，坡度系数为1.1547；当∠C=40° 时，得∠C坡度为119.18%，坡度系数为1.5557。

特别说明：计算机小程序输出的角的坡度与查表得到的角的坡度有微小出入，原因是小数点后保留位数不同。在计算过程中，计算机小程序一直保留小数点后四位，附录表中数值在计算时只保留小数点后两位。无论保留小数点后四位还是两位，因实际工作中不需要这么精确，故不影响实际应用。在本章第二至十节中，计算机小程序输出的数值与查表所得数值有微小差距，均为上述原因，但不影响实际工作。

第三节　已知三角形三边长求角度、坡度、坡度系数

使用计算机小程序求角度、坡度、坡度系数时，只需输入已知三角形三边的长度，就可以立即输出三角形各角的度数、坡度和坡度系数。步骤：①双击"木工计算.exe"；②点击"坡度系数"；③在"求任意三角形坡度与坡度系数"一栏"请输入a边长""请输入b边长""请输入c边长"的空格中分别输入数值；④点击"计算"。

对照计算举例：

【例3】（对照第四章第二节例题10）已知三角形ABC三边长分别是a＝65厘米，b＝72厘米，c＝40厘米，计算这个三角形各角的度数、坡度及坡度系数。

步骤：

1.计算机运算。

当输入 $a=65$、$b=72$、$c=40$ 时，立即得到三角形各角所对应的度数、坡度及坡度系数。

运算框如图9-3所示。

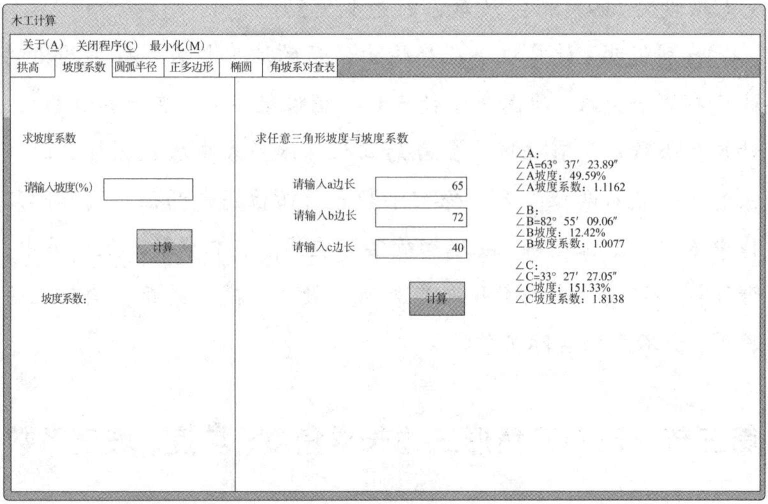

木工计算

关于(A) 关闭程序(C) 最小化(M)

| 拱高 | 坡度系数 | 圆弧半径 | 正多边形 | 椭圆 | 角坡系对查表 |

求坡度系数

请输入坡度(%) [　　　　]

[计算]

坡度系数：

求任意三角形坡度与坡度系数

请输入a边长 [　　65]

请输入b边长 [　　72]

请输入c边长 [　　40]

[计算]

∠A：
∠A=63° 37′ 23.89″
∠A坡度：49.59%
∠A坡度系数：1.1162

∠B：
∠B=82° 55′ 09.06″
∠B坡度：12.42%
∠B坡度系数：1.0077

∠C：
∠C=33° 27′ 27.05″
∠C坡度：151.33%
∠C坡度系数：1.8138

图9-3

2.验证。

查附录表二"角度、坡度、坡度系数（二）"，当 $\angle A=63° 37′$ 时，$\angle A$ 坡度为49.60%，坡度系数为1.1162；当 $\angle B=82° 55′$ 时，$\angle B$ 坡度为12.43%，坡度系数为1.0077；当 $\angle C=33° 27′$ 时，$\angle C$ 坡度为151.37%，坡度系数为1.8143。

特别说明：使用计算机小程序计算时，角的度数精确到秒，而附录表二"角度、坡度、坡度系数对查表（二）"中角的度数只精确到分，因此计算机小程序输出的数值与查表得到的数值有微小的误差。由于在实际作业中，木工师傅并不需要这样精确，因此这些微小的误差可以忽略不计。

第四节　求正多边形相关数据

使用计算机小程序求正多边形的相关数据时，只需输入已知正多边形的边数，就可以立即输出正多边形的分块系数、圆弧拱高系数、交角度数、交角坡度、互角度数、互角坡度。步骤：①双击"木工计算.exe"；②点击"正多边形"；③在"求正多边形相关数据"一栏"请输入正多边形边数 n（$n \geqslant 3$）"的空格中输入正多边形边数；④点击"计算"。

我们分别以正三边形、正四边形、正五边形举例，运算框如图9-4所示。

```
木工计算
关于(A)   关闭程序(C)   最小化(M)
拱高    坡度系数   圆弧半径   正多边形   椭圆   角坡系对查表

           求正多边形相关数据

    请输入正多边形边数n(n>=3)：  [    3 ]


                        计算


    分块系数：0.8660
    圆弧拱高系数：0.2500
    交角度数：30°00′00.00″
    交角坡度：173.21%
    互角度数：60°00′00.00″
    互角坡度：57.74%
```

①

111

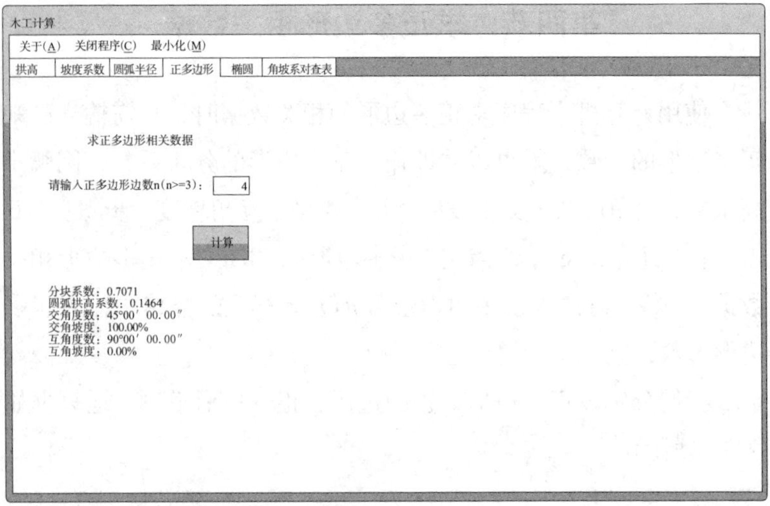

木工计算

关于(<u>A</u>)　关闭程序(<u>C</u>)　最小化(<u>M</u>)

| 拱高 | 坡度系数 | 圆弧半径 | 正多边形 | 椭圆 | 角坡系对查表 |

求正多边形相关数据

请输入正多边形边数n(n>=3)：　4

计算

分块系数：0.7071
圆弧拱高系数：0.1464
交角度数：45°00′00.00″
交角坡度：100.00%
互角度数：90°00′00.00″
互角坡度：0.00%

②

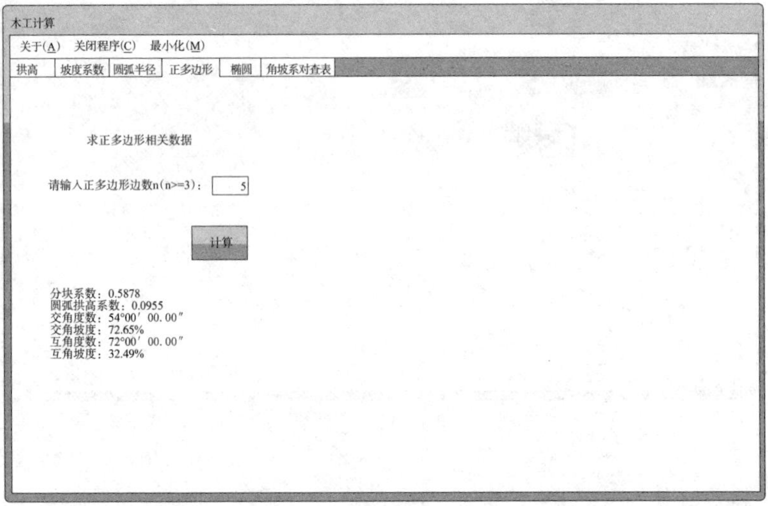

木工计算

关于(<u>A</u>)　关闭程序(<u>C</u>)　最小化(<u>M</u>)

| 拱高 | 坡度系数 | 圆弧半径 | 正多边形 | 椭圆 | 角坡系对查表 |

求正多边形相关数据

请输入正多边形边数n(n>=3)：　5

计算

分块系数：0.5878
圆弧拱高系数：0.0955
交角度数：54°00′00.00″
交角坡度：72.65%
互角度数：72°00′00.00″
互角坡度：32.49%

③

图9-4

第五节 求圆弧半径

使用计算机小程序求圆弧半径时，只需输入已知拱高和半弦长的数据，就可以立即输出圆弧半径。步骤：①双击"木工计算.exe"；②点击"圆弧半径"；③在"求圆弧半径"一栏"输入拱高a与半弦长b"的空格中分别输入拱高、半弦长的数值；④点击"计算"。

【例4】（对照第七章第一节例1、例3）当分别输入第七章例1、例3的拱高与半弦长时，求圆弧的半径。

运算框如图9-5所示。

木工计算
关于(A) 关闭程序(C) 最小化(M)

| 拱高 | 坡度系数 | 圆弧半径 | 正多边形 | 椭圆 | 角坡系对查表 |

求圆弧半径　　　　　　　　　　　求圆弧搭肩坡度

输入拱高a与半弦长b： 49 70　　　输入拱高a与半弦长b： □ □

计算　　　　　　　　　　　计算

圆弧半径长：74.50

①

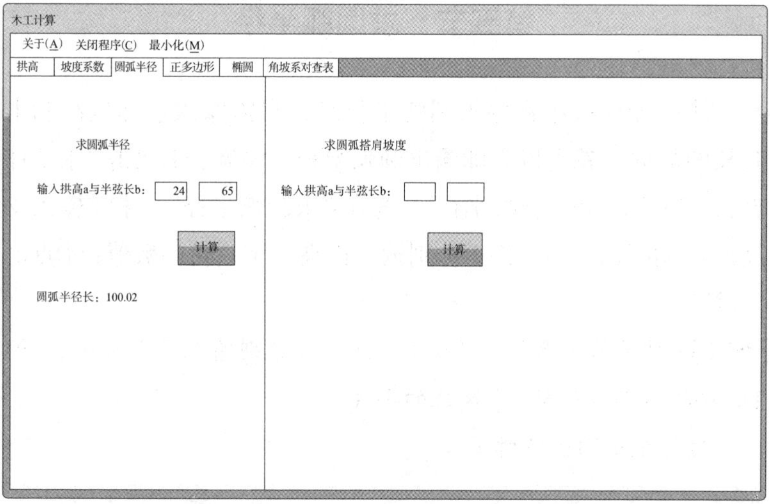

木工计算
关于(A) 关闭程序(C) 最小化(M)
拱高 坡度系数 圆弧半径 正多边形 椭圆 角坡系对查表
求圆弧半径
输入拱高a与半弦长b: 24 65
计算
圆弧半径长：100.02
求圆弧搭肩坡度
输入拱高a与半弦长b:
计算

②

图9-5

验证：

计算机计算结果与例题中计算结果相符。

第六节　求圆弧任意一点的拱高

已知半弦长和圆弧半径，设半弦长上任意一点到半弦长的中点的距离为x，且半弦长中点$x_0=0$，使用计算机小程序求圆弧任意一点的拱高时，输入半径、半弦长和x的数值，就可以输出x处的拱高。

x_3
x_2
x_1
a
b
x
r

图9-6

以第七章第二节例4为例：

【例5】如图9-6，圆弧半弦长b为60、圆弧半径r为200，例4中在$x=0$时已经计算拱高

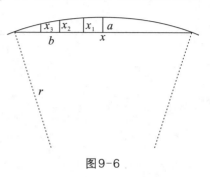

a为9.2122。假设x_1为13.39，x_2为30，x_3为42.86，计算这三个位置x_1，x_2，x_3处的拱高。

依次输入半径、半弦长和坐标x，运算框如图9-7所示。

木工计算

关于(A) 关闭程序(C) 最小化(M)

拱高 | 坡度系数 | 圆弧半径 | 正多边形 | 椭圆 | 角坡系对查表

求圆弧拱高

请输入半径r　　　200

请输入半弦长b　　　60

请输入半径x　　　13.39

计算

设定坐标的圆弧拱高　　8.763426

相对坐标0 拱高：9.212160
相对坐标1 拱高：9.122139
相对坐标2 拱高：8.851835
相对坐标3 拱高：8.400513
相对坐标4 拱高：7.766938
相对坐标5 拱高：6.949359
相对坐标6 拱高：5.945482
相对坐标7 拱高：4.752437
相对坐标8 拱高：3.366737
相对坐标9 拱高：1.784224

求圆弧拱高坐标系数

请输入弦径比(0.01-100)%

计算

圆弧拱高系数

圆弧拱高坐标系数

求圆弧分级拱高系数

请输入1/2弦径比(0.01-100)%

请输入弦长级（1/x）

计算

①

木工计算

关于(A) 关闭程序(C) 最小化(M)

拱高 | 坡度系数 | 圆弧半径 | 正多边形 | 椭圆 | 角坡系对查表

求圆弧拱高

请输入半径r　　　200

请输入半弦长b　　　60

请输入半径x　　　30

计算

设定坐标的圆弧拱高　　6.949359

相对坐标0 拱高：9.212160
相对坐标1 拱高：9.122139
相对坐标2 拱高：8.851835
相对坐标3 拱高：8.400513
相对坐标4 拱高：7.766938
相对坐标5 拱高：6.949359
相对坐标6 拱高：5.945482
相对坐标7 拱高：4.752437
相对坐标8 拱高：3.366737
相对坐标9 拱高：1.784224

求圆弧拱高坐标系数

请输入弦径比(0.01-100)%

计算

圆弧拱高系数

圆弧拱高坐标系数

求圆弧分级拱高系数

请输入1/2弦径比(0.01-100)%

请输入弦长级（1/x）

计算

②

115

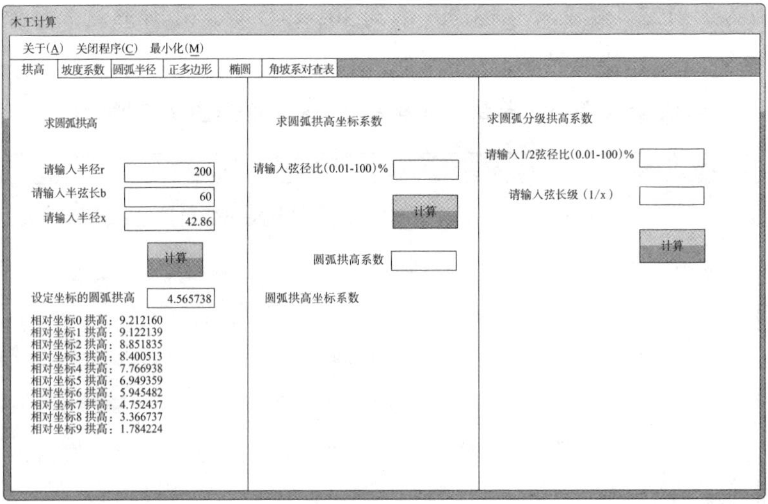

③

图 9-7

验证：

计算机计算结果与第七章第二节介绍的计算方法所计算的结果相符。

第七节　求圆弧等分拱高坐标系数

半弦长与圆弧半径之比称为弦径比。使用计算机小程序求圆弧等分拱高时，输入已知的弦径比，就可以立即输出等分拱高坐标系数，再用等分拱高坐标系数乘以半径，就得到了各等分拱高。求等分拱高坐标系数的步骤：①双击"木工计算.exe"；②点击"拱高"；③在"求圆弧拱高坐标系数"一栏"请输入弦径比（0.01—100）%"的空格中输入数值；④点击"计算"。

【例6】图9-8是在第七章圆弧的分级计算中例3的图7-2基础上

得来，它的半弦长 b 为65米，圆弧半径为100.0208米，计算等分拱高坐标系数及各等分拱高。

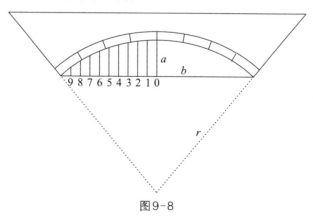

图9-8

步骤：

1.先计算弦径比：$65 \div 100.0208 \approx 0.649865$。

2.将弦径比输入运算框（如图9-9）。

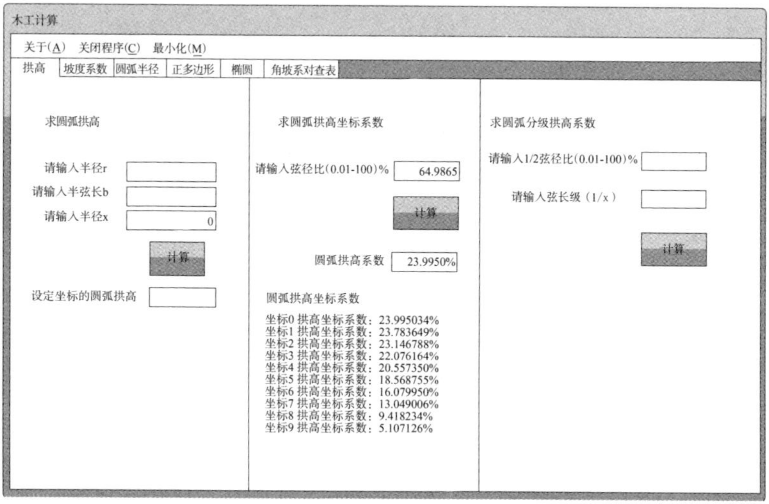

木工计算

关于(<u>A</u>)　关闭程序(<u>C</u>)　最小化(<u>M</u>)

拱高　坡度系数　圆弧半径　正多边形　椭圆　角坡系对查表

求圆弧拱高

请输入半径r _____

请输入半弦长b _____

请输入半径x ___0___

计算

设定坐标的圆弧拱高 _____

求圆弧拱高坐标系数

请输入弦径比(0.01-100)% ___64.9865___

计算

圆弧拱高系数 ___23.9950%___

圆弧拱高坐标系数

坐标0 拱高坐标系数：23.995034%
坐标1 拱高坐标系数：23.783649%
坐标2 拱高坐标系数：23.146788%
坐标3 拱高坐标系数：22.076164%
坐标4 拱高坐标系数：20.557350%
坐标5 拱高坐标系数：18.568755%
坐标6 拱高坐标系数：16.079950%
坐标7 拱高坐标系数：13.049006%
坐标8 拱高坐标系数：9.418234%
坐标9 拱高坐标系数：5.107126%

求圆弧分级拱高系数

请输入1/2弦径比(0.01-100)% _____

请输入弦长级 (1/x) _____

计算

图9-9

117

3.根据各等分拱高坐标系数乘以圆弧半径，得到各坐标的拱高，见表9-1。

表9-1

所求拱高	所求拱高
坐标0号为24.0000米	坐标5号为18.5726米
坐标1号为23.7886米	坐标6号为16.0833米
坐标2号为23.1516米	坐标7号为13.0517米
坐标3号为22.0808米	坐标8号为9.4202米
坐标4号为20.5616米	坐标9号为5.1082米

第八节　求圆弧分级拱高系数

已知弦径比，使用计算机小程序求圆弧分级拱高系数，有两个自变量，一个是1/2弦长级弦径比，另一个是1/x弦长级。步骤：①双击"木工计算.exe"；②点击"拱高"；③在"求圆弧分级拱高系数"一栏"请输入1/2弦径比（0.01—100）%""请输入弦长级（1/x）"分别输入数值；④点击"计算"。

这一节有两个计算问题：一是求1/x弦长级的拱高；二是要在这一半弦上再等分求各坐标拱高。下面分别介绍。

【例7】（对照第七章例5）如图9-10，已知圆弧半径是7米，半弦长为6.3米。

（1）求它在1/8弦长级的半弦长和拱高。

（2）计算在1/8弦长级的半弦上各等分拱高系数和各坐标的拱高。

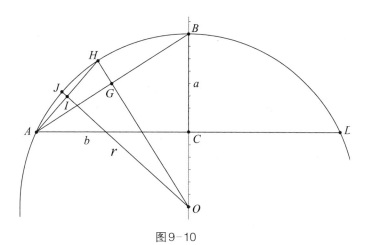

图9-10

解：（1）①先计算变量。

第一个变量：1/2弦径比＝6.3÷7＝0.9，即90%；

第二个变量是所要求的1/8弦长级。

②将已知的变量输入运算框（如图9-11）。

图9-11

③根据以上计算结果，圆弧在1/8弦长级的弦径比系数和拱高系数分别是27.6300%和3.8929%，再分别乘以半径就得到1/8弦长级的半弦长和拱高：

1/8弦长级的半弦长＝7×27.6300%＝1.9341（米）；

1/8弦长级的拱高＝7×3.8929%≈0.2725（米）。

（2）①根据1/8弦长级所对应的半弦AI的长度为1.9341米，将其等分（这里我们把它分为十等份），如图9-12。

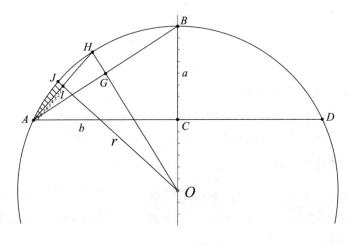

图9-12

②将变量的取值输入"求圆弧拱高坐标系数"计算框（如图9-13）。这里的变量就是分级计算后的弦径比27.6300%。

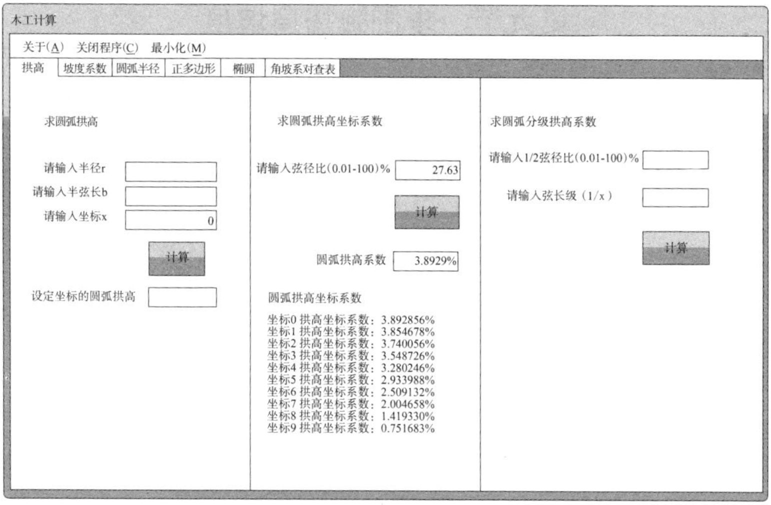

木工计算

关于(<u>A</u>) 关闭程序(<u>C</u>) 最小化(<u>M</u>)

拱高 | 坡度系数 | 圆弧半径 | 正多边形 | 椭圆 | 角坡系对查表

求圆弧拱高

请输入半径r
请输入半弦长b
请输入坐标x [0]

[计算]

设定坐标的圆弧拱高

求圆弧拱高坐标系数

请输入弦径比(0.01-100)% [27.63]

[计算]

圆弧拱高系数 [3.8929%]

圆弧拱高坐标系数
坐标0拱高坐标系数：3.892856%
坐标1拱高坐标系数：3.854678%
坐标2拱高坐标系数：3.740056%
坐标3拱高坐标系数：3.548726%
坐标4拱高坐标系数：3.280246%
坐标5拱高坐标系数：2.933988%
坐标6拱高坐标系数：2.509132%
坐标7拱高坐标系数：2.004658%
坐标8拱高坐标系数：1.419330%
坐标9拱高坐标系数：0.751683%

求圆弧分级拱高系数

请输入1/2弦径比(0.01-100)% [   ]

请输入弦长级（1/x） [   ]

[计算]

图9-13

③各等分拱高系数乘以圆弧半径，就得到各坐标的拱高，见表9-2。

表9-2

各坐标的拱高	各坐标的拱高
坐标0号为0.2725米	坐标5号为0.2054米
坐标1号为0.2698米	坐标6号为0.1756米
坐标2号为0.2618米	坐标7号为0.1403米
坐标3号为0.2484米	坐标8号为0.0994米
坐标4号为0.2296米	坐标9号为0.0526米

这样，我们就可以根据1/8弦长级所对应的半弦长1.9341米，以及各坐标拱高画出弧线，得到更精确、更光滑的弧面。利用计算机小程序计算，这一过程会变得更加快捷方便。

第九节　求圆弧搭肩坡度

使用计算机小程序求圆弧搭肩坡度，输入已知拱高、半弦长，就可以立即输出圆弧搭肩坡度。步骤：①双击"木工计算.exe"；②点击"圆弧半径"；③在"求圆弧搭肩坡度"一栏"输入拱高a与半弦长b"的空格中输入数值；④点击"计算"。

【例8】（对照第七章例7）当分别输入拱高与半弦长时，求圆弧样板的搭肩坡度。

运算框如图9-14所示。

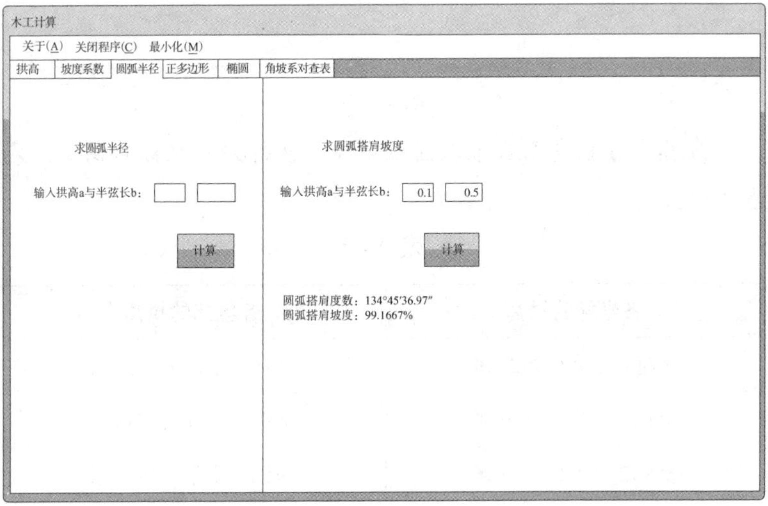

图9-14

验证：

计算机计算结果与例题中计算结果相符。

第十节　椭圆的计算

椭圆的画弧与计算中，我们采用了三种方法，现分别对其编程。

一、绳子画椭圆法

使用计算机小程序求椭圆焦距，自变量为长轴的长度、短轴的长度，当输入自变量的相应取值时，立即输出所对应的焦距的长度。步骤：①双击"木工计算.exe"；②点击"椭圆"；③在"绳子画法"一栏"输入长轴长与短轴长"的空格中输入数值；④点击"计算"。

【例9】（对照第八章例1）当分别输入长轴AB的数值、短轴CD的数值时，求EF的长度。

运算框如图9-15所示。

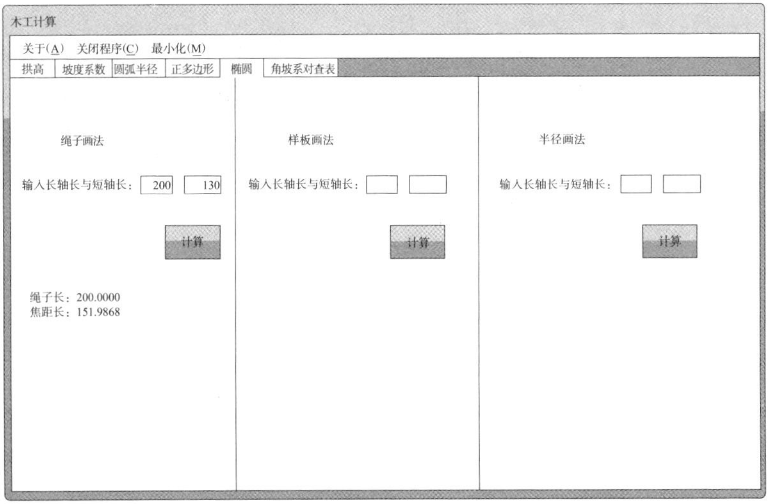

木工计算

关于(A)　关闭程序(C)　最小化(M)

拱高　坡度系数　圆弧半径　正多边形　椭圆　角坡系对查表

绳子画法　　　　　　样板画法　　　　　　半径画法

输入长轴长与短轴长：200　130　　输入长轴长与短轴长：□　□　　输入长轴长与短轴长：□　□

计算　　　　　　　　计算　　　　　　　　计算

绳子长：200.0000
焦距长：151.9868

图9-15

123

验证：

计算机计算结果与例题中计算结果相符。

二、圆弧拼接画椭圆法

使用计算机小程序求拱高及长轴、短轴的半弦长度，自变量为长轴的长度、短轴的长度，当输入自变量的相应取值时，它立即输出所对应的拱高及长轴、短轴的半弦长度。步骤：①双击"木工计算.exe"；②点击"椭圆"；③在"样板画法"一栏"输入长轴长与短轴长"的空格中输入数值；④点击"计算"。

【例10】（对照第八章例4）椭圆内边弧的长轴是 $250-(8×2)=234$（厘米），短轴是 $160-(8×2)=144$（厘米），它们的短长轴比 $=144÷234≈0.6154$，即 61.54%。

长轴圆弧样板如图9-16所示。

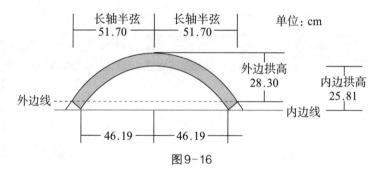

图9-16

短轴圆弧样板如图9-17所示。

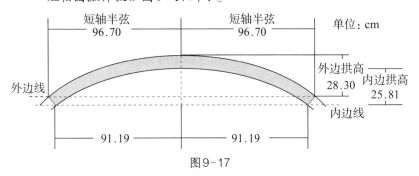

图9-17

当分别输入档子内边线长轴的长度234厘米、短轴的长度144厘米时，求拱高及长轴、短轴的半弦长度。

运算框如图9-18所示。

图9-18

验证：

计算机计算结果与例题中计算结果相符。

三、半径画椭圆法

使用计算机小程序求椭圆半径长度，自变量为长轴的长度、短轴的长度，当输入自变量的相应取值时，立即输出所对应的椭圆的半径长度。步骤：①双击"木工计算.exe"；②点击"椭圆"；③在"半径画法"一栏"输入长轴长与短轴长"的空格中输入数值；④点击"计算"。

【例11】(对照第八章例3)当分别输入长轴的长度、短轴的长度时，求椭圆半径的长度。

运算框如图9-19所示。

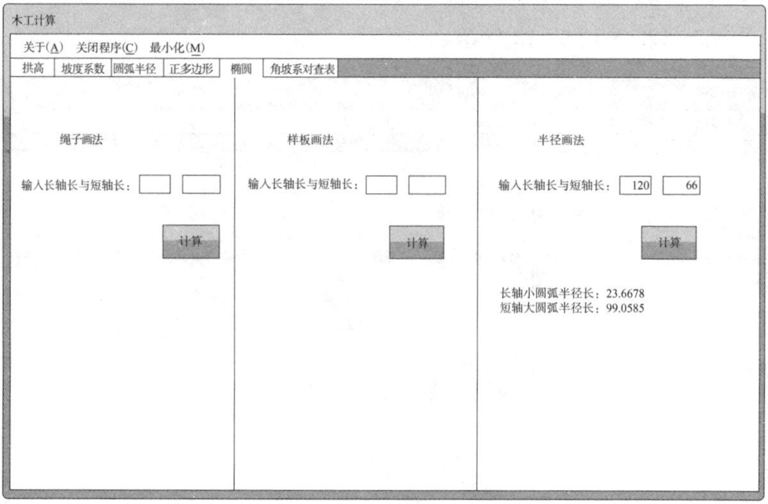

图9-19

验证：

计算机计算结果与例题中计算结果相符。

到这里本章的内容就结束了，通过以上介绍，可以看出这个小程序具有的优点：

(1)快捷：输入自变量取值时，立即输出要求的量。

（2）精确：计算机小程序取值更精确，因此让误差更小。

创新为各行各业的发展注入新动力，我把自己多年的研究成果与计算机编程相结合，开发出更方便使用的小程序，可看成是现代文明与传统工匠的碰撞、对接。期待它在今后的行业实践中激起新的活力，也期待通过本书中的巧算与画线，让木工师傅在今后的实际作业中既节省材料又提高工作效率。

计算机和智能手机（仅支持安卓系统）上使用的计算小程序请通过扫描下面二维码下载。

第十章
圆木的计算和画线

木工有长木和小木等，长木是建造房屋的，小木是做家具的。专门做木盆、木桶等家用木器的木匠被称为圆木，他们制作的木器多为圆形。

在科技日新月异的今天，圆木这个行业早已不复当初的荣光。当年挑着担子走村串巷为人们制作和修理各式各样木桶制品的箍桶师傅早已不见踪影。随着塑料制品制造业的发展，圆木制品大部分被塑料制品所替代，箍桶匠这个行业也即将退出历史舞台。不过，圆木制品可以用现代材料替代一部分，但不能替代全部，而且，千百年来的技艺就此失传，实在可惜！

出于这个原因，我想从圆木师傅的具体作业中找到一些有规律的东西，用文字和数据表达出来，让其他木工同行了解，在他们碰到需要做圆木产品的情况时，可以凭借自身的木工基础把产品做出来。对于圆木师傅，希望本章内容可以加深他们在理论上的认识。

虽然各地的圆木制品式样各有特色，但圆木构件的制作方法各地大同小异，板凳画线原理都是一样的。下面以木桶为例进行介绍。

　　木桶由一定数量的板围拢箍成。桶帮外面叫外身，里面叫里身。这些桶帮板有两个坡度，一个是桶帮板的上下口（上宽下窄）形成的坡度，另一个是桶帮板（桶外侧板宽、桶里侧板窄）所形成的坡度。

第一节　木桶上下口径长度的计算

　　木桶制品一般都是上口大、下口小（这里指桶帮外面的尺寸），相应地，木桶帮板上口宽、下口窄。我们用一个例子来帮助理解。

【例1】制作一只木桶，设计要求：上口直径150厘米，下口直径110厘米，高90厘米，使用40块相同宽度的木板做成。木桶的上下口周长分别是多少？木板的斜度（坡度）是多少？

【解析】木桶帮板的弧长与弦长既有区别又有联系。

　　区别：每块木桶帮板的弧长是这块板所分到的木桶周长的一部分，弦长是这段弧两端相连所形成的线段的长度。

　　联系：木桶分块数越多，两者长度相差越小；反之，两者长度相差越大。

解：（1）求木桶帮板上下口的弧长。

　　我们知道，圆的周长＝直径×圆周率 π（π 在这里取3.14），

　　将数值代入，得

　　木桶上口周长＝150×3.14＝471（厘米）；

　　木桶下口周长＝110×3.14＝345.4（厘米）。

　　木桶帮板展开如图10-1所示。

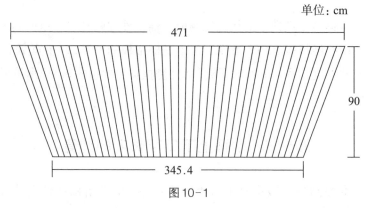

单位：cm

471

90

345.4

图10-1

（2）求每块帮板上口、下口弧长。

由木桶的每块帮板上口、下口弧长等于木桶上口、下口的周长除于分块数，将数值代入，得

帮板上口弧长＝471÷40＝11.775（厘米）；

帮板下口弧长＝345.4÷40＝8.635（厘米）。

（3）求木桶帮板上下口的弦长。

计算木桶帮板上下口的弦长，可以根据前面第五章求正多边形中的方法计算，当分块为40时，根据弦（边）长公式：弦（边）长＝直径×分块系数，查附录表四，得分块系数为0.0785。

将数值代入，得

帮板上口弦长＝150×0.0785＝11.775（厘米）；

帮板下口弦长＝110×0.0785＝8.635（厘米）。

注：弧长始终大于弦长，分块数越多，弧长与弦长相差越小，由于计算时所取数值的精度问题，上面两种计算结果小到看不出差别。实际操作中，我们在配料时所计入的余量较充分，所以可以去繁从简：分块数越多，弧长与弦长的差距越可以忽略不计，这里略加说明。

（4）求木板的斜度（坡度）。

将帮板草图放大，如图10-2所示。

由图10-2可以看到，上口弦长的一半是$11.775 \div 2 =$ 5.8875（厘米），下口弦长的一半是$8.635 \div 2 = 4.3175$（厘米），它们的差是$5.8875 - 4.3175 = 1.57$（厘米），由此得到直角三角形ABC,大边是90厘米，小边是1.57厘米，所求木板的斜度就是$\angle B$坡度。

由$\angle B$坡度＝小边÷大边，得

$\angle B$坡度$= 1.57 \div 90 \approx 0.017444$，即$1.7444\%$。

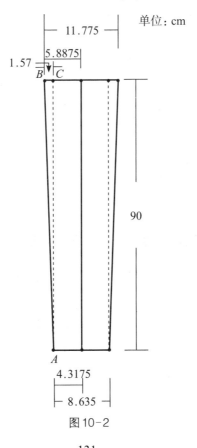

图10-2

131

第二节　木桶帮板的画线

　　木桶类似圆柱形，每块木桶帮板的大面和小面都是倾斜的，靠桶外侧板宽一些，靠桶里侧板窄一些，圆木师傅凭借经验刨料，因此里侧比外侧会多刨一些。我们从来没看到过圆木师傅作业时在木桶帮板上画线，实际上它的画线不同于其他的木工画线，不用笔和尺来画，而是用刨子刨料代替画线。作业时，师傅们拿一根有刻度的小木棍，对着帮板侧面，一边量一边刨。小木棍的刻度就是木桶的半径，刨到帮板侧面与小木棍的刻度完全重合时，这块木桶帮板侧面的一面就刨好了，也就是这一面的线画好了；接下去，另一面重复该操作；用这种方法一直刨好木桶所有的帮板。这个过程中圆木师傅不用理会所刨的帮板宽窄有别，也不必知道刨好的斜面角度、坡度是多少，这就是圆木画线的特殊之处，也是箍桶作业的奇妙所在。这是圆木的基本功，是确保产品质量的关键。

　　下面，我们科学分析帮板的画线坡度、帮板宽度及木桶直径三者的关系到底是怎样的。为了便于理解，分两种情况加以分析说明。

一、木桶帮板宽度相同时的画线坡度

【例2】如例1所示，木桶用40块相同宽度的帮板拼接而成，每块帮板的上口弧长为11.775厘米，试求每块木桶帮板的画线坡度。

解： 如图10-3是木桶口的俯视图，共40块帮板。

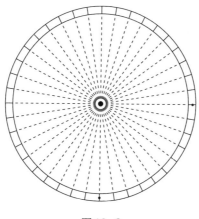

图10-3

解法1: 用直角三角形计算。

把其中一块帮板放大, 如图10-4所示, 在直角三角形 ABC 中, $\angle C$ 为直角, 小边是5.8875厘米, 斜边(木桶的半径)是75厘米。

(1)根据公式求 $\angle A$ 坡度系数。

由 $\angle A$ 坡度系数 = 斜边 ÷ 小边, 将数值代入, 得 $\angle A$ 坡度系数 = $75 ÷ 5.8875 \approx 12.7389$。

(2)查附录表一得 $\angle B$ 画线坡度。

当 $\angle A$ 坡度系数为 12.7389时, 由小程序得 $\angle A = 4° \ 30'$, 那么 $\angle B$ = $90° - 4° \ 30' = 85° \ 30'$, 由小程序得 $\angle B$ 坡度为 7.8702%。

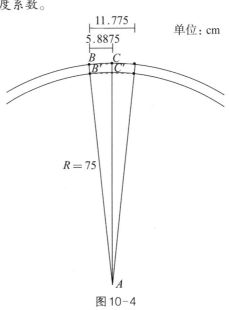

图10-4

133

解法2：直接用公式计算。

由∠B＝90°－（180°÷分块数），将数值代入，得∠B＝90°－（180°÷40）＝85°30′。

当∠B＝85°30′时，由小程序得∠B画线坡度为7.8702%。

比较这两种解法，可以看出，解法2计算简单，而且不用求直角三角形的各个数值，避免了数值计算中的误差，结果精确。通过计算发现，在木桶帮板宽度相同的情况下，求木桶帮板的画线坡度，与木桶的半径和木桶帮板上下口的弧长无关，只与分块数有关。根据这一规律，我制作了一个表，即"圆木用表（一）"，如表10-1所示，根据帮板分块数（4～102），可以直接查到这个圆木制品帮板的画线度数及坡度。

表10-1 圆木用表（一）

分块数	分块角度数	分块角坡度/%	分块数	分块角度数	分块角坡度/%
4	45°00′00.00″	100.00	54	86°40′00.00″	5.82
5	54°00′00.00″	72.65	55	86°43′38.18″	5.72
6	60°00′00.00″	57.74	56	86°47′08.57″	5.62
7	64°17′08.57″	48.16	57	86°50′31.58″	5.52
8	67°30′00.00″	41.42	58	86°53′47.59″	5.42
9	70°00′00.00″	36.40	59	86°56′56.95″	5.33
10	72°00′00.00″	32.49	60	87°00′00.00″	5.24
11	73°38′10.91″	29.36	61	87°02′57.05″	5.15
12	75°00′00.00″	26.79	62	87°05′48.39″	5.07
13	76°09′13.85″	24.65	63	87°08′34.29″	4.99
14	77°08′34.29″	22.82	64	87°11′15.00″	4.91
15	78°00′00.00″	21.26	65	87°13′50.77″	4.84
16	78°45′00.00″	19.89	66	87°16′21.82″	4.76
17	79°24′42.35″	18.69	67	87°18′48.36″	4.69

分块数	分块角度数	分块角坡度/%	分块数	分块角度数	分块角坡度/%
18	80°00′00.00″	17.63	68	87°21′10.59″	4.62
19	80°31′34.74″	16.69	69	87°23′28.70″	4.56
20	81°00′00.00″	15.84	70	87°25′42.86″	4.49
21	81°25′42.86″	15.07	71	87°27′53.24″	4.43
22	81°49′05.45″	14.38	72	87°30′00.00″	4.37
23	82°10′26.00″	13.74	73	87°32′03.29″	4.31
24	82°30′00.00″	13.17	74	87°34′03.24″	4.25
25	82°48′00.00″	12.63	75	87°36′00.00″	4.19
26	83°04′36.92″	12.14	76	87°37′53.68″	4.14
27	83°20′00.00″	11.69	77	87°39′44.42″	4.08
28	83°34′17.14″	11.27	78	87°41′32.31″	4.03
29	83°47′35.17″	10.88	79	87°43′17.47″	3.98
30	84°00′00.00″	10.51	80	87°45′00.00″	3.93
31	84°11′36.77″	10.17	81	87°46′40.00″	3.88
32	84°22′30.00″	9.85	82	87°48′17.56″	3.83
33	84°32′44.00″	9.55	83	87°49′52.77″	3.79
34	84°42′21.18″	9.27	84	87°51′25.71″	3.74
35	84°51′25.71″	9.00	85	87°52′56.00″	3.70
36	85°00′00.00″	8.75	86	87°54′25.12″	3.65
37	85°08′06.49″	8.51	87	87°55′51.72″	3.61
38	85°15′47.37″	8.29	88	87°57′16.36″	3.57
39	85°23′04.62″	8.07	89	87°58′39.10″	3.53
40	85°30′00.00″	7.87	90	88°00′00.00″	3.49
41	85°36′35.12″	7.68	91	88°01′19.12″	3.45
42	85°42′51.43″	7.49	92	88°02′36.52″	3.42
43	85°48′50.23″	7.32	93	88°03′52.26″	3.38
44	85°54′32.73″	7.15	94	88°05′06.38″	3.34
45	86°00′00.00″	6.99	95	88°06′18.95″	3.31
46	86°05′13.04″	6.84	96	88°07′30.00″	3.27

分块数	分块角度数	分块角坡度 /%	分块数	分块角度数	分块角坡度 /%
47	86°10′12.77″	6.69	97	88°08′39.59″	3.24
48	86°15′00.00″	6.55	98	88°09′47.76″	3.21
49	86°19′35.51″	6.42	99	88°10′54.55″	3.17
50	86°24′00.00″	6.29	100	88°12′00.00″	3.14
51	86°28′14.00″	6.17	101	88°13′4.16″	3.11
52	86°32′18.00″	6.05	102	88°14′7.06″	3.08
53	86°36′13.58″	5.93			

在表10-1中，分块数与分块角度数和坡度一一对应，圆木师傅箍一个圆木制品时，根据需用到多少块相同宽度的帮板查表，就知道这些帮板所要刨出的坡度。

二、木桶帮板宽度不同时的画线坡度

在圆木行业，大多数情况下，实际制作产品时，需要就地取材，不会有统一的帮板宽度尺寸。实际制作中，圆木师傅确定木桶的高度（这里是木板的长度）后，不会刻意考虑用了多少块板，而是考虑木桶围起的圆是否符合大小要求。在这种情况下，不同宽度的帮板刨出来的坡度是不同的。

【例3】如图10-5，同一个木桶中采用了不同宽度的帮板，右边一块帮板弦长是16厘米，中间的一块弦长是10厘米，左边的一块弦长是12.24厘米，计算它们的画线坡度。

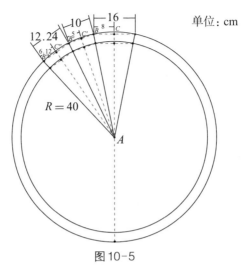

图10-5

【解析】我们可以用上一节解法1计算，但由于每块帮板宽度不同，每一块都要算，计算繁琐。这里我根据木桶的半径与帮板宽的比例（常见比例）制作了一个表，即"圆木用表（二）"，放在附录表十。在这个表里，只要知道弦径比，就可以直接查到要箍的圆木制品某块帮板的画线度数及坡度。

解： 从图10-5可以看出，右边帮板弦长是16厘米，它的半弦长就是8厘米，中间帮板弦长是10厘米，它的半弦长就是5厘米，左边帮板弦长是12.24厘米，它的半弦长是6.12厘米。

（1）计算弦径比。

由弦径比＝半弦长÷半径，将数值代入，得

右边帮板的弦径比＝8÷40＝0.2，即20%；

中间帮板的弦径比＝5÷40＝0.125，即12.5%；

左边帮板的弦径比＝6.12÷40＝0.153，即15.3%。

（2）查每块帮板的画线坡度。

当右边帮板的弦径比为20%时，查附录表十得到坡度为

137

20.4124%；

当中间帮板的弦径比为12.5%时，查附录表十得到坡度为12.5988%；

当左边帮板的弦径比为15.3%时，查附录表十得到坡度为15.4823%。

根据例3可以看出，半径相同时，不同宽度的帮板有着不同的画线坡度。

第三节　改进帮板手工画线的思考

一直以来，圆木师傅都采用刨这种特殊方式在帮板上画线，刨好一块帮板要很长时间，而要刨好一只木桶所用的全部帮板就要更长的时间。想要改进这一传统方法，一定要找到内在规律，这里的关键就是要弄清楚木桶半径、帮板宽度、帮板坡度三者的关系。帮板坡度由木桶半径、帮板宽度两个因素决定，半径、帮板宽度这两者任意一项变化，帮板坡度就会变化。经过测算，我将三者的关系归纳在一个表里，即"圆木用表（三）"，放在附录表十一。通过这个表，只要知道帮板宽度和木桶的半径，就可以直接查到帮板的画线坡度。

【例4】做一只半径为15厘米的木桶，用到20块帮板，（本例不考虑上下口坡度）按帮板上口宽度分析，要用到帮板上口宽度（弦长）4厘米的10块、5厘米的8块、7厘米的2块，通过"圆木用表（三）"查不同宽度帮板的画线坡度。

解：在附录表十一中，在第一列找到半径15，再看横项弦长4、5、7处，它们的对应栏就是不同宽度帮板的画线坡度，即：

当帮板弦长为4时，查得画线坡度为13.4535%；

当帮板弦长为5时，查得画线坡度为16.9031%；

当帮板弦长为7时，查得画线坡度为23.9957%。

如图10-6，箍成这只木桶一共用了20块帮板，分别是4厘米的10块、5厘米的8块、7厘米的2块，符合设计要求。

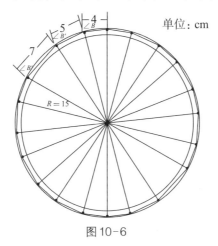

图10-6

了解和认识了以上三者的关系，我们可以设想：

（1）当准备做一个圆木制品时，它的尺寸大小（半径）和帮板宽度都是现成的，通过以上知识，就可预先知道每块帮板的画线坡度。改变传统画线，可以借用木工刨床来解决这一问题，既能减轻劳动强度，又能提高劳动效率。

（2）如借用机械，则可以不局限于做小尺寸器具。这为高位圆木产品制作创造条件。

（3）可以预先生产各种圆木产品的半成品材料，具体说就是对于特定要求的圆木制品，根据设计要求，将这一组合的每块帮板提前刨好，木工师傅只要安个底板，就可以直接箍成，减少劳动量。

近年来，国家着力打造民间文化自信，加强对非物质文化遗产的保护和传承。这一章，我从另外一个角度进行文化传承的保护，用文字的形式予以记载并保留，希望可以启发同行们拓展思路，激发创意，继承前辈们的经验，施展新一辈工匠人的才能，发扬和光大传统文化。

后　记

　　一般说来，做木工应先找一位师傅跟着学习一段时间，时间长短根据个人悟性。这段时间是练习基本功，即木料要刨得方、刨得平，锯得直；眼（洞）要凿得准，然后就可以根据尺寸试着做产品了。不过，要想真正能独当一面，是非常不容易的，要克服很多的困难。

　　师傅的水平直接影响着徒弟出师的水平，木工行业内有一种说法：一个好的木匠胜过一个秀才。为什么这样说呢？打个比方，同样的木工活，如果是需要计算的，一位木匠是用放大样的方法做的，另一位木匠是在计算后一气呵成做的，虽然他们做出的产品粗看是一样的，但真实水平相差一大截。做就要做有底气的活，这些年，我心里对后一种木匠念念不忘，一直坚持探索、钻研，有艰辛，有寂寞，但我乐在其中，今天总算有了一点收获。在实际作业中，木匠们如果遇到书中这类计算问题，只需翻看本书附录中的表，就能把问题解决。我为自己能为木匠们解决实践中的一点儿问题感到高兴。

　　时代向前推进，科技迅猛发展，有的行业在不知不觉中消亡，但关系到民生的行业还是应一代代传下去。我想每个行业内都有一套自己的经验和理论，虽然有的行业还是以师傅传授经验为主，但总有或多或少的经验可以总结和提炼，这些经验应该保存下来。

木工行业就是一个师徒相承的行业，这个行业既有对传统的继承，也需要不断创新。

就本书，我还有以下几点说明：

（1）本书章节涉及内容较多，知识点的难易有不同层次但有连贯性，木工师傅们在实践中可以按自己的需要，根据书中内容查看自己想要的知识点和技巧。

（2）坡度标角尺的设计构想来源于直角三角形直角边的相互关系、坡度与角度的关系。尝试在同一把尺上体现两个角的坡度画线，把角度实际引用到这把尺中，体现出坡度与角度互为对应。本书介绍了我设计的坡度标角尺的原理和我的构想，抛砖引玉，感兴趣的木工师傅可以根据自己的设想不断完善和改进。

（3）本书讲述的圆弧搭肩画法，我进行过几十次实验，证明方法可行，可提高画弧的精度和速度。这种木工活虽然不多，但有时还是会碰到，本书提供了一种新的解决方法。

（4）木工在碰到复杂的个件时常常使用放大样的方法，但是做椭圆物件时不方便使用这种方法，所以我在本书第八章讲了画椭圆的三种方法。木工师傅在了解了前面几章的内容后，阅读本章内容会更容易理解。在实际中，为了解决计算上的复杂性，可以借用附录中的"椭圆系数表"。这里需要说明的是，椭圆系数表中的短长轴比例都是整数，如果短长轴比例是小数，则可以通过计算机或手机上的小程序直接得到结果。

（5）本书附录中表的数据若与小程序计算的结果在小数末位上存在误差，是由四舍五入导致的，这只是精确度的问题，不是计算错误。例如，附录中"角度、坡度、坡度系数对查表"的坡度保留两位小数，但小程序保留的是四位小数，导致坡度系数结果在小数点最后一位因四舍五入产生微小误差。以第四章例5任意三角形中$\angle C = 38°$为例：

对比项	角度数	坡度	坡度系数	坡度保留位数
附表	38°	127.99%	1.6242	2
正文	38°	127.99%	1.6242	2
小程序	38°	127.9942%	1.6243	4

　　本书讲述的多项简化计算、创新点，都源自生产实践中碰到的问题，是我经过了长久地思考、探究得来的。我涉足木工行业后，在生产实践中遇到了不少问题，于是一直思考简便的解决方法。在长期的实践中，我头脑中那些复杂、无序的经验得到沉淀，慢慢有了一个框架，之后我的思维认识有了较大提升，具有了全局的认识。经过研究、分析，我将实践经验归纳形成理论，又把理论应用于实践进行验证，最终确定这些计算方法、计算结果、开发的小程序可以被木工师傅直接使用，为他们提供极大方便。

　　本书得以出版，感谢浙江科学技术出版社的编辑为本书出版付出大量的辛勤劳动；感谢海盐县原地方志办公室主任、《海盐县志》主编王健飞先生的热情支持、帮助和鼓励；感谢我儿子戎汉昕为本书各类附表的运算进行了编程，并开发了在计算机和手机（安卓系统）上使用的小程序，使应用更便捷；感谢所有支持和帮助本书出版的朋友，谢谢他们！

附 录

表一 角度、坡度、坡度系数对查表（一）

度数	0′		1′		2′		3′	
	坡度/%	坡度系数	坡度/%	坡度系数	坡度/%	坡度系数	坡度/%	坡度系数
0°00′	/	/	343800.00	3438.0001	171900.00	1719.0003	114600.00	1146.0004
0°10′	34380.00	343.8015	31250.00	312.5015	28650.00	286.5017	26440.00	264.4019
0°20′	17190.00	171.9029	16370.00	163.7031	15630.00	156.3032	14950.00	149.5033
0°30′	11460.00	114.6044	11090.00	110.9045	10740.00	107.4047	10420.00	104.2048
0°40′	8594.00	85.9458	8384.00	83.8460	8185.00	81.8561	7994.00	79.9463
0°50′	6875.00	68.7573	6740.00	67.4074	6611.00	66.1176	6486.00	64.8677
1°00′	5729.00	57.2987	5635.00	56.3589	5544.00	55.4490	5456.00	54.5692
1°10′	4910.00	49.1102	4841.00	48.4203	4774.00	47.7505	4709.00	47.1006
1°20′	4296.00	42.9716	4243.00	42.4418	4192.00	41.9319	4141.00	41.4221
1°30′	3819.00	38.2031	3777.00	37.7832	3736.00	37.3734	3696.00	36.9735
1°40′	3437.00	34.3845	3403.00	34.0447	3369.00	33.7048	3337.00	33.3850
1°50′	3124.00	31.2560	3096.00	30.9761	3068.00	30.6963	3041.00	30.4264
2°00′	2864.00	28.6575	2840.00	28.4176	2817.00	28.1877	2794.00	27.9579
2°10′	2643.00	26.4489	2623.00	26.2491	2603.00	26.0492	2583.00	25.8494
2°20′	2454.00	24.5604	2437.00	24.3905	2420.00	24.2207	2403.00	24.0508
2°30′	2290.00	22.9218	2275.00	22.7720	2260.00	22.6221	2245.00	22.4723
2°40′	2147.00	21.4733	2134.00	21.3634	2120.00	21.2236	2107.00	21.0937
2°50′	2021.00	20.2347	2009.00	20.1149	1997.00	19.9950	1985.00	19.8752
3°00′	1908.00	19.1062	1898.00	19.0063	1887.00	18.8965	1877.00	18.7966
3°10′	1807.00	18.0976	1798.00	18.0078	1789.00	17.9179	1779.00	17.8181
3°20′	1717.00	17.1991	1708.00	17.1092	1700.00	17.0294	1692.00	16.9495
3°30′	1635.00	16.3806	1627.00	16.3007	1620.00	16.2308	1612.00	16.1510
3°40′	1560.00	15.6320	1553.00	15.5622	1546.00	15.4923	1539.00	15.4225
3°50′	1492.00	14.9535	1486.00	14.8936	1480.00	14.8337	1473.00	14.7639
4°00′	1430.00	14.3349	1424.00	14.2751	1418.00	14.2152	1412.00	14.1554
4°10′	1373.00	13.7664	1367.00	13.7065	1362.00	13.6567	1356.00	13.5968
4°20′	1320.00	13.2378	1315.00	13.1880	1310.00	13.1381	1305.00	13.0883
4°30′	1271.00	12.7493	1266.00	12.6994	1261.00	12.6496	1257.00	12.6097
4°40′	1225.00	12.2907	1221.00	12.2509	1216.00	12.2010	1212.00	12.1691
4°50′	1183.00	11.8722	1179.00	11.8323	1174.00	11.7825	1170.00	11.7427

4′		5′		6′		7′		8′		9′	
坡度/%	坡度系数	坡度/%	坡度系数	坡度/%	坡度系数	坡度/%	坡度系数	坡度/%	坡度系数	坡度/%	坡度系数
85940.00	859.4006	68750.00	687.5007	57300.00	573.0009	49110.00	491.1010	42970.00	429.7012	38200.00	382.0013
24556.00	245.6020	22920.00	229.2022	21490.00	214.9023	20220.00	202.2025	19100.00	191.0026	18090.00	180.9028
14320.00	143.2035	13750.00	137.5036	13220.00	132.2038	12730.00	127.3039	12280.00	122.8041	11850.00	118.5042
10110.00	101.1049	9822.00	98.2251	9549.00	95.4952	9291.00	92.9154	9046.00	90.4655	8814.00	88.1457
7813.00	78.1364	7639.00	76.3965	7473.00	74.7367	7314.00	73.1468	7162.00	71.6270	7015.00	70.1571
6366.00	63.6679	6250.00	62.5080	6138.00	61.3881	6031.00	60.3183	5972.00	59.2784	5826.00	58.2686
5371.00	53.7193	5288.00	52.8895	5208.00	52.0896	5130.00	51.3097	5055.00	50.5599	4982.00	49.8300
4645.00	46.4608	4583.00	45.8409	4523.00	45.2411	4464.00	44.6512	4407.00	44.0813	4351.00	43.5215
4092.00	40.9322	4044.00	40.4524	3997.00	39.9825	3951.00	39.5227	3906.00	39.0728	3862.00	38.6329
3656.00	36.5737	3618.00	36.1938	3580.00	35.8140	3543.00	35.4441	3507.00	35.0843	3472.00	34.7344
3305.00	33.0651	3273.10	32.7453	3242.00	32.4354	3212.00	32.1356	3182.00	31.8357	3153.00	31.5459
3014.00	30.1566	2988.00	29.8967	2962.00	29.6369	2937.00	29.3870	2912.00	29.1372	2888.00	28.8973
2771.00	27.7280	2749.00	27.5082	2727.00	27.2883	2706.00	27.0785	2684.00	26.8586	2664.00	26.6588
2564.00	25.6595	2545.00	25.4696	2526.00	25.2798	2508.00	25.0999	2490.00	24.9201	2472.00	24.7402
2386.00	23.8809	2369.00	23.7111	2353.00	23.5512	2337.00	23.3914	2321.00	23.2315	2306.00	23.0817
2231.00	22.3324	2216.00	22.1826	2202.00	22.0427	2188.00	21.9028	2174.00	21.7630	2161.00	21.6331
2095.00	20.9739	2082.00	20.8440	2069.00	20.7142	2057.00	20.5945	2045.00	20.4744	2033.00	20.3546
1974.00	19.7653	1963.00	19.6555	1952.00	19.5456	1941.00	19.4357	1930.00	19.3259	1919.00	19.2160
1867.00	18.6968	1856.00	18.5869	1846.00	18.4871	1837.00	18.3972	1827.00	18.2972	1817.00	18.1975
1770.00	17.7282	1761.00	17.6384	1752.00	17.5485	1743.00	17.4587	1734.00	17.3688	1726.00	17.2889
1683.00	16.8597	1675.00	16.7798	1667.00	16.7000	1659.00	16.6201	1651.00	16.5403	1643.00	16.4604
1604.00	16.0711	1597.00	16.0013	1589.00	15.9214	1582.00	15.8516	1575.00	15.7817	1568.00	15.7119
1533.00	15.3626	1526.00	15.2927	1519.00	15.2229	1512.00	15.1530	1506.00	18.0932	1499.00	15.0233
1467.00	14.7040	1461.00	14.6442	1454.00	14.5743	1448.00	14.5145	1442.00	14.4546	1436.00	14.3948
1407.00	14.1055	1401.00	14.0456	1395.00	13.9858	1389.00	13.9260	1384.00	13.8761	1378.00	13.8162
1351.00	13.5470	1346.00	13.4971	1340.00	13.4373	1335.00	13.3874	1330.00	13.3375	1325.00	13.2877
1300.00	13.0384	1295.00	12.9886	1290.00	12.9387	1285.00	12.8889	1280.00	12.8390	1275.00	12.7892
1252.00	12.5599	1247.00	12.5100	1243.00	12.4702	1238.00	12.4203	1234.00	12.3805	1229.00	12.3306
1208.00	12.1213	1203.00	12.0715	1199.00	12.0316	1195.00	11.9918	1191.00	11.9519	1187.00	11.9120
1160.00	11.7028	1162.00	11.6629	1159.00	11.6331	1155.00	11.5932	1151.00	11.5534	1147.00	11.5135

度数	0′		1′		2′		3′	
	坡度/%	坡度系数	坡度/%	坡度系数	坡度/%	坡度系数	坡度/%	坡度系数
6°00′	951.40	9.5664	948.80	9.5406	946.10	9.5137	943.50	9.4878
6°10′	925.50	9.3089	923.00	9.2840	920.50	9.2592	918.00	9.2343
6°20′	901.00	9.0653	898.60	9.0415	896.20	9.0176	893.90	8.9948
6°30′	877.70	8.8838	875.40	8.8109	873.20	8.7891	870.90	8.7662
6°40′	855.60	8.6142	853.40	8.5924	851.30	8.5715	849.10	8.5497
6°50′	834.50	8.4047	832.40	8.3839	830.40	8.3640	828.40	8.3441
7°00′	814.40	8.2052	812.50	8.1863	810.50	8.1665	808.60	8.1476
7°10′	795.30	8.0156	793.40	7.9968	791.60	7.9789	789.70	7.9601
7°20′	777.10	7.8341	775.30	7.8172	773.50	7.7994	771.70	7.7815
7°30′	759.60	7.6615	757.90	7.6447	756.20	7.6278	754.50	7.6109
7°40′	742.90	7.4960	741.20	7.4792	739.60	7.4633	738.00	7.4474
7°50′	726.90	7.3375	725.30	7.3216	723.80	7.3068	722.20	7.2909
8°00′	711.50	7.1849	710.00	7.1701	708.50	7.1552	707.10	7.1414
8°10′	696.80	7.0394	695.40	7.0255	694.00	7.0117	692.50	6.9968
8°20′	682.70	6.8998	681.30	6.8860	679.90	6.8721	678.60	6.8593
8°30′	669.10	6.7653	667.80	6.7525	666.50	6.7396	665.10	6.7258
8°40′	656.10	6.6368	654.80	6.6239	653.50	6.6111	652.20	6.5982
8°50′	643.50	6.5122	642.30	6.5004	641.00	6.4875	639.80	6.4756
9°00′	631.40	6.3927	630.20	6.3808	629.00	6.3690	627.80	6.3571
9°10′	619.70	6.2772	618.60	6.2663	617.40	6.2545	616.30	6.2436
9°20′	608.40	6.1656	607.30	6.1548	606.20	6.1439	605.10	6.1331
9°30′	597.60	6.0591	596.50	6.0482	595.40	6.0374	594.40	6.0275
9°40′	587.10	5.9556	586.10	5.9457	585.00	5.9849	584.00	5.9250
9°50′	576.90	5.8550	575.90	5.8452	574.90	5.8353	574.00	5.8265
10°00′	567.10	5.7585	566.20	5.7496	565.20	5.7398	564.20	5.7299
10°10′	557.60	5.6650	556.70	5.6561	555.80	5.6472	554.90	5.6384
10°20′	548.50	5.5754	547.50	5.5656	546.60	5.5567	545.80	5.5489
10°30′	539.60	5.4879	538.70	5.4790	537.80	5.4702	536.90	5.4613
10°40′	530.90	5.4024	530.10	5.3945	529.20	5.3857	528.40	5.3778
10°50′	522.60	5.3208	521.70	5.3120	520.90	5.3041	520.10	5.2963
11°00′	514.50	5.2413	513.70	5.2334	512.90	5.2256	512.10	5.2177
11°10′	506.60	5.1638	505.80	5.1559	505.00	5.1481	504.30	5.1412
11°20′	498.90	5.0882	498.20	5.0814	497.40	5.0735	496.70	5.0667

146

4′		5′		6′		7′		8′		9′	
坡度/%	坡度系数	坡度/%	坡度系数	坡度/%	坡度系数	坡度/%	坡度系数	坡度/%	坡度系数	坡度/%	坡度系数
940.90	9.4620	938.30	9.4361	935.70	9.4103	933.20	9.3854	930.60	9.3596	928.10	9.3347
9 15.60	9.2104	913.10	9.1856	910.60	9.1607	908.20	9.1369	905.80	9.1130	903.40	9.0892
891.50	8.9709	889.20	8.9481	886.90	8.9252	884.60	8.9023	882.30	8.8795	880.00	8.8566
868.70	8.7444	866.50	8.7225	864.30	8.7007	862.10	8.6788	859.90	8.6570	857.70	8.6351
847.00	8.5288	844.90	8.5080	842.80	8.4871	840.70	8.4663	838.60	8.4454	836.60	8.4256
826.40	8.3243	824.30	8.3034	822.30	8.2836	820.40	8.2647	818.40	8.2449	816.40	8.2250
806.70	8.1287	804.80	8.1099	802.80	8.0900	800.90	8.0712	799.10	8.0533	797.20	8.0345
787.90	7.9422	786.10	7.9243	784.20	7.9055	782.40	7.8876	780.60	7.8698	778.80	7.8519
770.00	7.7647	768.20	7.7468	766.50	7.7300	764.70	7.7121	763.00	7.6953	761.30	7.6784
752.80	7.5941	751.10	7.5773	749.50	7.5614	747.80	7.5446	746.20	7.5287	744.50	7.5119
736.40	7.4316	734.80	7.4157	733.20	7.3999	731.60	7.3840	730.00	7.3682	728.40	7.3523
720.70	7.2760	719.10	7.2602	717.60	7.2453	716.10	7.2305	714.60	7.2156	713.00	7.1998
705.60	7.1265	704.10	7.1117	702.60	7.0968	701.20	7.0829	699.70	7.0681	698.30	7.0542
691.10	6.9630	689.70	6.9691	688.30	6.9553	686.90	6.9414	685.50	6.9276	684.10	6.9137
677.20	6.8454	675.80	6.8316	674.50	6.8187	673.10	6.8049	671.80	6.7920	670.40	6.7782
663.80	6.7129	662.50	6.7000	661.20	6.6872	659.90	6.6743	658.60	6.6615	657.30	6.6486
651.00	6.5864	649.70	6.5735	648.50	6.5616	647.20	6.5488	646.00	6.5369	644.70	6.5241
638.60	6.4638	637.40	6.4520	636.20	6.4401	635.00	6.4283	633.80	6.4164	632.60	6.4046
626.70	6.3463	625.50	6.3344	624.30	6.3226	623.20	6.3117	622.00	6.2999	620.90	6.2890
615.20	6.2327	614.00	6.2209	612.90	6.2100	611.80	6.1992	610.70	6.1883	609.60	6.1775
604.10	6.1232	603.00	6.1124	601.90	6.1015	600.80	6.0907	599.70	6.0798	598.60	6.0690
593.30	6.0167	592.30	6.0068	591.20	5.9960	590.20	5.9861	589.20	5.9763	588.10	5.9654
583.00	5.9151	582.00	5.9053	581.00	5.8954	579.90	5.8846	578.90	5.8747	577.90	5.8649
573.00	5.8166	572.00	5.8068	571.00	5.7969	570.00	5.7871	569.10	5.7782	568.10	5.7683
563.30	5.7211	562.30	5.7112	561.40	5.7024	560.50	5.6935	559.50	5.6837	558.60	5.6748
553.90	5.6285	553.00	5.6197	552.10	5.6108	551.20	5.6020	550.30	5.5931	549.40	5.5843
544.90	5.5400	544.00	5.5311	543.10	5.5223	542.20	5.5134	541.30	5.5046	5404.00	5.4957
536.10	5.4535	535.20	5.4446	534.30	5.4358	533.50	5.4279	532.60	5.4191	531.80	5.4112
527.60	5.3699	526.70	5.3611	525.90	5.3532	525.00	5.3444	524.20	5.3365	523.40	5.3287
519.30	5.2884	518.50	5.2806	517.70	5.2727	516.90	5.2648	516.10	5.2570	515.30	5.2491
511.30	5.2099	510.50	5.2020	509.70	5.1942	508.90	5.1863	508.10	5.1785	507.40	5.1716
503.50	5.1333	502.70	5.1255	502.00	5.1186	501.20	5.1108	500.50	5.1039	499.70	5.0961
495.90	5.0588	495.20	5.0520	494.50	5.0451	493.70	5.0373	493.00	5.0304	492.20	5.0226

度数	0′		1′		2′		3′	
	坡度/%	坡度系数	坡度/%	坡度系数	坡度/%	坡度系数	坡度/%	坡度系数
11°30′	491.50	5.0157	490.80	5.0088	490.10	5.0020	489.30	4.9941
11°40′	484.30	4.9452	483.60	4.9383	482.90	4.9315	482.20	4.9246
11°50′	477.30	4.8766	476.60	4.8698	475.90	4.8629	475.20	4.8561
12°00′	470.50	4.8101	469.80	4.8032	469.10	4.7964	468.50	4.7905
12°10′	463.80	4.7446	463.20	4.7387	462.50	4.7319	461.90	4.7260
12°20′	457.40	4.6820	456.70	4.6752	456.10	4.6693	455.50	4.6635
12°30′	451.10	4.6205	450.50	4.6147	449.80	4.6078	449.20	4.6020
12°40′	444.90	4.5600	444.30	4.5541	443.70	4.5483	443.10	4.5424
12°50′	439.00	4.5025	438.40	4.4966	437.80	4.4908	437.20	4.4849
13°00′	433.10	4.4449	432.60	4.4401	432.00	4.4342	431.40	4.4284
13°10′	427.50	4.3904	426.90	4.3846	426.40	4.3797	425.80	4.3739
13°20′	421.90	4.3359	421.40	4.3310	420.80	4.3252	420.30	4.3203
13°30′	416.50	4.2834	416.00	4.2785	415.50	4.2736	414.90	4.2678
13°40′	411.30	4.2328	410.70	4.2270	410.20	4.2221	409.70	4.2173
13°50′	406.10	4.1823	405.60	4.1775	405.10	4.1726	404.60	4.1677

4′		5′		6′		7′		8′		9′	
坡度/%	坡度系数	坡度/%	坡度系数	坡度/%	坡度系数	坡度/%	坡度系数	坡度/%	坡度系数	坡度/%	坡度系数
488.60	4.9873	487.90	4.9804	487.20	4.9736	486.40	4.9657	485.70	4.9589	485.00	4.9520
481.50	4.9177	480.80	4.9109	480.10	4.9040	479.40	4.8972	478.70	4.8903	478.00	4.8835
474.50	4.8492	473.90	4.8434	473.20	4.8365	472.50	4.8297	471.80	4.8228	471.10	4.8160
467.80	4.7837	467.10	4.7768	466.50	4.7710	465.80	4.7641	465.10	4.7573	464.50	4.7514
461.20	4.7192	460.60	4.7133	459.90	4.7065	459.30	4.7006	458.60	4.6938	458.00	4.6879
454.80	4.6566	454.20	4.6508	453.60	4.6449	452.90	4.6381	452.30	4.6322	451.70	4.6264
448.60	4.5961	448.00	4.5903	447.40	4.5844	446.80	4.5785	446.20	4.5727	445.50	4.5659
442.50	4.5366	441.90	4.5307	441.30	4.5249	440.70	4.5190	440.20	4.5142	439.60	4.5083
436.60	4.4791	436.00	4.4732	435.50	4.4683	434.90	4.4625	434.30	4.4566	433.70	4.4508
430.90	4.4235	430.30	4.4177	429.70	4.4118	429.20	4.4070	428.60	4.4011	428.00	4.3953
425.20	4.3680	424.70	4.3631	424.10	4.3573	423.60	4.3524	423.00	4.3466	422.50	4.3417
419.80	4.3155	419.20	4.3096	418.70	4.3048	418.10	4.2989	417.60	4.2941	417.10	4.2892
414.40	4.2629	413.90	4.2581	413.40	4.2532	412.80	4.2474	412.30	4.2425	411.80	4.2377
409.20	4.2124	408.70	4.2076	408.20	4.2027	407.60	4.1969	407.10	4.1920	406.60	4.1872
404.10	4.1629	403.60	4.1580	403.10	4.1532	402.60	4.1483	402.10	4.1435	401.60	4.1386

表二　角度、坡度、坡度系数对查表 (二)

度数	0′ 坡度/%	0′ 坡度系数	6′ 坡度/%	6′ 坡度系数	12′ 坡度/%	12′ 坡度系数	18′ 坡度/%	18′ 坡度系数	24′ 坡度/%	24′ 坡度系数	30′ 坡度/%	30′ 坡度系数
14°	401.10	4.1338	398.1	4.1047	395.20	4.0766	392.30	4.0484	389.50	4.0213	386.70	3.9942
15°	373.20	3.8637	370.60	3.8385	368.10	3.8144	365.50	3.7893	363.00	3.7652	360.60	3.7421
16°	348.70	3.6276	346.50	3.6064	344.20	3.5843	342.00	3.5632	339.80	3.5421	337.60	3.5210
17°	327.10	3.4204	325.10	3.4013	323.00	3.3813	321.10	3.3631	319.10	3.3440	317.20	3.3259
18°	307.80	3.2364	306.00	3.2193	304.20	3.2021	302.40	3.1851	300.60	3.1680	298.90	3.1518
19°	290.40	3.0714	288.80	3.0562	287.20	3.0411	285.60	3.0260	284.00	3.0109	282.40	2.9958
20°	274.70	2.9234	273.30	2.9102	271.80	2.8961	270.30	2.8820	268.90	2.8689	267.50	2.8558
21°	260.50	2.7903	259.20	2.7782	257.80	2.7652	256.50	2.7530	255.20	2.7409	253.90	2.7288
22°	247.50	2.6694	246.30	2.6583	245.00	2.6462	243.80	2.6351	242.60	2.6240	241.40	2.6129
23°	235.60	2.5594	234.40	2.5484	233.30	2.5383	232.20	2.5282	231.10	2.5181	230.00	2.5080
24°	224.60	2.4586	223.40	2.4494	222.50	2.4394	221.50	2.4303	220.40	2.4203	219.40	2.4111
25°	214.50	2.3666	213.50	2.3576	212.50	2.3485	211.60	2.3404	210.60	2.3314	209.70	2.3232
26°	205.00	2.2809	204.10	2.2728	203.20	2.2647	202.30	2.2567	201.40	2.2486	200.60	2.2414
27°	196.30	2.2030	195.40	2.1950	194.60	2.1879	193.70	2.1799	192.90	2.1728	192.10	2.1657
28°	188.10	2.1303	187.30	2.1232	186.50	2.1162	185.70	2.1091	184.90	2.1021	184.20	2.0959
29°	180.40	2.0626	179.70	2.0565	178.90	2.0495	178.20	2.0434	177.50	2.0373	176.70	2.0303
30°	173.21	2.0000	172.51	1.9940	171.28	1.9880	171.13	1.9821	170.45	1.9762	169.77	1.9703
31°	166.43	1.9416	165.77	1.9360	165.12	1.9304	164.47	1.9248	163.83	1.9194	163.19	1.9139
32°	160.03	1.8871	159.41	1.8818	158.80	1.8766	158.18	1.8714	157.57	1.8662	156.97	1.8612
33°	153.99	1.8361	153.40	1.8312	152.82	1.8263	152.24	1.8215	151.66	1.8166	151.08	1.8118
34°	148.26	1.7883	147.70	1.7837	147.15	1.7791	146.59	1.7745	146.05	1.7700	145.50	1.7655
35°	142.81	1.7434	142.29	1.7392	141.76	1.7348	141.24	1.7306	140.71	1.7262	140.19	1.7220
36°	137.64	1.7013	137.13	1.6972	136.63	1.6932	136.13	1.6891	135.64	1.6852	135.14	1.6812
37°	132.70	1.6616	132.22	1.6578	131.75	1.6540	131.27	1.6502	130.79	1.6464	130.32	1.6427
38°	127.99	1.6242	127.53	1.6206	127.08	1.6171	126.62	1.6135	126.74	1.6099	125.72	1.6064
39°	123.49	1.5890	123.05	1.5856	122.61	1.5822	122.18	1.5789	121.74	1.5755	121.31	1.5721
40°	119.18	1.5557	118.75	1.5525	118.33	1.5493	117.92	1.5461	117.50	1.5429	117.08	1.5397
41°	115.04	1.5243	114.63	1.5212	114.23	1.5182	113.83	1.5152	113.43	1.5122	113.03	1.5092
42°	111.06	1.4945	110.67	1.4916	110.28	1.4887	109.90	1.4859	109.51	1.4830	109.13	1.4802
43°	107.24	1.4663	106.86	1.4635	106.49	1.4608	106.12	1.4581	105.75	1.4554	105.38	1.4528
44°	103.55	1.4395	103.19	1.4369	102.83	1.4344	102.47	1.4318	102.12	1.4293	101.76	1.4267
45°	100.00	1.4142	99.65	1.4117	99.30	1.4093	98.96	1.4069	98.61	1.4044	98.27	1.4020

36′		42′		48′		54′		1′		2′		3′	
坡度/%	坡度系数	坡度/%	坡度系数	坡度/%	坡度系数	坡度/%	坡度系数	坡度/%	坡度系数	坡度/%	坡度系数	坡度/%	坡度系数
383.90	3.9671	381.20	3.9410	378.50	3.9149	375.80	3.8880	0.47	0.0045	0.93	0.0090	1.40	0.0136
358.20	3.7190	355.80	3.6959	353.40	3.6728	351.10	3.6506	0.40	0.0039	0.80	0.0077	1.20	0.0116
335.40	3.4999	333.30	3.4798	331.20	3.4591	329.10	3.4396	0.37	0.0035	0.73	0.0070	1.10	0.0105
315.80	3.3068	313.30	3.2887	311.50	3.2716	309.60	3.2535	0.32	0.0030	0.63	0.0060	0.95	0.0091
297.10	3.1348	295.40	3.1187	293.70	3.1026	292.10	3.0874	0.28	0.0027	0.57	0.0054	0.85	0.0081
280.80	2.9807	279.30	2.9666	277.80	2.9525	276.20	2.9375	0.27	0.0025	0.53	0.0050	0.80	0.0075
266.00	2.8418	264.60	2.8287	263.30	2.8165	261.90	2.8034	0.23	0.0022	0.47	0.0044	0.70	0.0066
252.60	2.7167	251.30	2.7047	250.00	2.6926	248.80	2.6814	0.22	0.0020	0.43	0.0040	0.65	0.0055
240.20	2.6018	239.10	2.5917	237.90	2.5806	236.70	2.5696	0.20	0.0018	0.40	0.0037	0.60	0.0050
228.90	2.4979	227.80	2.4878	226.70	2.4778	225.70	2.4686	0.18	0.0017	0.37	0.0034	0.55	0.0046
218.40	2.4021	217.40	2.3930	216.40	2.3839	215.40	2.3748	0.17	0.0015	0.33	0.0030	0.50	0.0041
208.70	2.3142	207.80	2.3061	206.90	2.2980	205.90	2.2890	0.15	0.0014	0.30	0.0027	0.45	0.0036
199.70	2.2334	198.80	2.2253	198.00	2.2182	197.10	2.2102	0.13	0.0012	0.27	0.0024	0.40	0.0035
191.30	2.1576	190.50	2.1515	189.70	2.1444	188.90	2.1374	0.13	0.0012	0.27	0.0024	0.40	0.0031
183.40	2.0889	182.70	2.0828	181.90	2.0758	181.10	2.0687	0.12	0.0010	0.27	0.0021	0.35	0.0031
176.00	2.0243	175.30	2.0182	174.60	2.0121	173.90	2.0060	0.12	0.0010	0.23	0.0021	0.35	0.0029
169.09	1.9645	168.42	1.9587	167.75	1.9529	167.09	1.9473	0.11	0.0010	0.23	0.0020	0.34	0.0027
162.55	1.9085	161.91	1.9030	161.28	1.8977	160.66	1.8924	0.11	0.0009	0.23	0.0018	0.32	0.0025
156.37	1.8561	155.77	1.8511	155.17	1.8460	154.58	1.8411	0.10	0.0008	0.21	0.0017	0.30	0.0024
150.51	1.8070	149.94	1.8023	149.38	1.7976	148.82	1.7930	0.10	0.0008	0.20	0.0016	0.29	0.0023
144.96	1.7611	144.42	1.7560	143.88	1.7522	143.35	1.7478	0.09	0.0008	0.19	0.0015	0.27	0.0021
139.68	1.7179	139.16	1.7136	138.65	1.7095	138.14	1.7054	0.09	0.0007	0.18	0.0014	0.26	0.0020
134.65	1.6772	134.16	1.6733	133.67	1.6694	133.19	1.6655	0.08	0.0007	0.17	0.0013	0.25	0.0019
129.85	1.6389	129.38	1.6352	128.92	1.6316	128.46	1.6279	0.08	0.0006	0.17	0.0012	0.24	0.0018
125.27	1.6029	124.82	1.5994	124.37	1.5959	123.93	1.5924	0.07	0.0006	0.16	0.0012	0.23	0.0017
120.88	1.5688	120.45	1.5655	120.02	1.5622	119.60	1.5590	0.07	0.0006	0.14	0.0011	0.22	0.0017
116.67	1.5366	116.26	1.5335	115.85	1.5304	115.44	1.5273	0.07	0.0005	0.14	0.0011	0.21	0.0016
112.63	1.5062	112.24	1.5033	111.84	1.5003	111.45	1.4974	0.07	0.0005	0.13	0.0010	0.20	0.0015
108.75	1.4774	108.37	1.4746	107.99	1.4718	107.61	1.4690	0.06	0.0004	0.13	0.0009	0.19	0.0014
105.01	1.4501	104.64	1.4474	104.28	1.4448	103.92	1.4422	0.06	0.0004	0.12	0.0009	0.19	0.0013
101.41	1.4242	101.05	1.4217	100.70	1.4192	100.35	1.4167	0.06	0.0004	0.12	0.0009	0.18	0.0013
97.93	1.3997	97.59	1.3973	97.25	1.3949	96.91	1.3925	0.06	0.0004	0.11	0.0008	0.17	0.0012

度数	0′		6′		12′		18′		24′		30′	
	坡度/%	坡度系数	坡度/%	坡度系数	坡度/%	坡度系数	坡度/%	坡度系数	坡度/%	坡度系数	坡度/%	坡度系数
46°	96.57	1.3902	96.23	1.3878	95.90	1.3855	95.56	1.3832	95.23	1.3809	94.90	1.3786
47°	93.25	1.3673	92.93	1.3651	92.60	1.3629	92.28	1.3607	91.95	1.3585	91.63	1.3563
48°	90.04	1.3456	89.72	1.3453	89.41	1.3414	89.10	1.3394	88.78	1.3372	88.47	1.3352
49°	86.93	1.3250	86.62	1.3230	86.32	1.3210	86.01	1.3190	85.71	1.3170	85.41	1.3151
50°	83.91	1.3054	83.61	1.3035	83.32	1.3016	83.02	1.2997	82.73	1.2979	82.43	1.2959
51°	80.98	1.2868	80.69	1.2849	80.40	1.2831	80.12	1.2814	79.83	1.2796	79.54	1.2778
52°	78.13	1.2690	77.85	1.2673	77.57	1.2656	77.29	1.2639	77.01	1.2622	76.73	1.2605
53°	75.36	1.2522	75.08	1.2505	74.81	1.2489	74.54	1.2472	74.27	1.2456	74.00	1.2440
54°	72.65	1.2360	72.39	1.2345	72.12	1.2329	71.86	1.2314	71.59	1.2298	71.33	1.2283
55°	70.02	1.2208	69.76	1.2193	69.50	1.2178	69.24	1.2163	68.99	1.2149	68.73	1.2134
56°	67.45	1.2062	67.20	1.2048	66.94	1.2034	66.69	1.2020	66.44	1.2006	66.19	1.1992
57°	64.94	1.1924	64.69	1.1910	64.45	1.1897	64.20	1.1883	63.95	1.1870	63.71	1.1857
58°	62.49	1.1792	62.24	1.1779	62.00	1.1766	61.76	1.1753	61.52	1.1741	61.28	1.1728
59°	60.09	1.1667	59.85	1.1654	59.61	1.1642	59.38	1.1630	59.14	1.1618	58.90	1.1606
60°	57.74	1.1547	57.50	1.1535	57.27	1.1524	57.04	1.1512	56.81	1.1501	56.58	1.1490
61°	55.43	1.1433	55.20	1.1422	54.98	1.1412	54.75	1.1401	54.52	1.1390	54.30	1.1379
62°	53.17	1.1326	52.95	1.1315	52.72	1.1305	52.50	1.1294	52.28	1.1284	52.06	1.1274
63°	50.95	1.1223	50.73	1.1213	50.51	1.1203	50.29	1.1193	50.08	1.1184	49.86	1.1174
64°	48.77	1.1126	48.56	1.1117	48.34	1.1107	48.13	1.1098	47.91	1.1088	47.70	1.1079
65°	46.63	1.1034	46.42	1.1025	46.21	1.1016	45.99	1.1007	45.78	1.0998	45.57	1.0989
66°	44.52	1.0946	44.31	1.0938	44.11	1.0930	43.90	1.0921	43.69	1.0913	43.48	1.0904
67°	42.45	1.0864	42.24	1.0856	42.04	1.0848	41.83	1.0840	41.63	1.0832	41.42	1.0824
68°	40.40	1.0785	40.20	1.0778	40.00	1.0770	39.79	1.0763	39.59	1.0755	39.39	1.0748
69°	38.39	1.0712	38.19	1.0704	37.99	1.0697	37.79	1.0690	37.59	1.0683	37.39	1.0676
70°	36.40	1.0642	36.20	1.0635	36.00	1.0628	35.81	1.0622	35.61	1.0615	35.41	1.0608
71°	34.43	1.0576	34.24	1.0570	34.04	1.0563	33.85	1.0557	33.65	1.0551	33.46	0.0545
72°	32.49	1.0515	32.30	1.0509	32.11	1.0503	31.91	1.0497	31.72	1.0491	31.53	1.0485
73°	30.57	1.0457	30.38	1.0451	30.19	1.0446	30.00	1.044	29.81	1.0435	29.62	1.0429
74°	28.67	1.0403	28.49	1.0398	28.30	1.0393	28.11	1.0388	27.92	1.0382	27.73	1.0377
75°	26.79	1.0353	26.61	1.0348	26.42	1.0343	26.23	1.0338	26.05	1.0334	25.86	1.0329
76°	24.93	1.0306	24.75	1.0302	24.56	1.0297	24.38	1.0293	24.19	1.0288	24.01	1.0284
77°	23.09	1.0263	22.90	1.0259	22.72	1.0255	22.54	1.0251	22.35	1.0247	22.17	1.0243
78°	21.26	1.0223	21.07	1.0220	20.89	1.0216	20.71	1.0212	20.53	1.0209	20.35	1.0205
79°	19.44	1.0187	19.26	1.0184	19.08	1.0180	18.90	1.0177	18.71	1.0174	18.53	1.0170
80°	17.63	1.0154	17.45	1.0151	17.27	1.0148	17.09	1.0145	16.91	1.0142	16.73	1.0139

36′		42′		48′		54′		1′		2′		3′	
坡度/%	坡度系数	坡度/%	坡度系数	坡度/%	坡度系数	坡度/%	坡度系数	坡度/%	坡度系数	坡度/%	坡度系数	坡度/%	坡度系数
94.57	1.3764	94.24	1.3741	93.91	1.3718	93.58	1.3696	0.06	0.0004	0.11	0.0008	0.17	0.0011
91.31	1.3542	90.99	1.3520	90.67	1.3499	90.36	1.3478	0.05	0.0004	0.11	0.0007	0.16	0.0011
88.16	1.3331	87.85	1.3311	87.54	1.3290	87.24	1.3271	0.05	0.0003	0.10	0.0007	0.16	0.0010
85.11	1.3132	84.81	1.3112	84.51	1.3093	84.21	1.3073	0.05	0.0003	0.10	0.0007	0.15	0.0010
82.14	1.2941	81.85	1.2923	81.56	1.2904	81.27	1.2886	0.05	0.0003	0.10	0.0006	0.15	0.0010
79.26	1.2760	78.98	1.2743	78.69	1.2725	78.41	1.2708	0.05	0.0003	0.10	0.0006	0.15	0.0009
76.46	1.2588	76.18	1.2571	75.90	1.2554	75.63	1.2538	0.05	0.0003	0.09	0.0006	0.14	0.0009
73.73	1.2424	73.46	1.2408	73.19	1.2392	72.92	1.2376	0.05	0.0003	0.09	0.0005	0.14	0.0008
71.07	1.2268	70.80	1.2253	70.54	1.2283	70.28	1.2232	0.04	0.0003	0.09	0.0005	0.13	0.0008
68.47	1.2119	68.22	1.2105	67.96	1.2091	67.71	1.2077	0.04	0.0002	0.09	0.0005	0.13	0.0007
65.94	1.1978	65.69	1.1965	65.44	1.1951	65.19	1.1937	0.04	0.0002	0.08	0.0005	0.13	0.0007
63.46	1.1844	63.22	1.1831	62.97	1.1817	62.73	1.1805	0.04	0.0002	0.08	0.0004	0.12	0.0006
61.04	1.1716	60.80	1.1703	60.56	1.1691	60.32	1.1678	0.04	0.0002	0.08	0.0004	0.12	0.0006
58.67	1.1594	58.44	1.1582	58.20	1.1570	57.97	1.1559	0.04	0.0002	0.08	0.0004	0.12	0.0006
56.35	1.1478	56.12	1.1467	55.89	1.1456	55.66	1.1445	0.04	0.0002	0.08	0.0004	0.12	0.0006
54.07	1.1368	53.84	1.1357	53.62	1.1347	53.40	1.1336	0.04	0.0002	0.07	0.0004	0.11	0.0005
51.84	1.1264	51.61	1.1253	51.39	1.1243	51.17	1.1233	0.04	0.0002	0.07	0.0003	0.11	0.0005
49.64	1.1164	49.42	1.1155	49.21	1.1145	48.99	1.1136	0.04	0.0002	0.07	0.0003	0.11	0.0005
47.48	1.1070	47.27	1.1061	47.06	1.1052	46.84	1.1043	0.04	0.0002	0.07	0.0003	0.11	0.0005
45.36	1.0981	45.15	1.0972	44.94	1.0963	44.73	1.0955	0.04	0.0001	0.07	0.0003	0.11	0.0004
43.27	1.0896	43.07	1.0888	42.86	1.0880	42.65	1.0872	0.04	0.0001	0.07	0.0003	0.11	0.0004
41.22	1.0816	41.01	1.0808	40.81	1.0801	40.61	1.0793	0.04	0.0001	0.07	0.0003	0.11	0.0004
39.19	1.0741	38.99	1.0733	38.79	1.0726	38.59	1.0719	0.03	0.0001	0.07	0.0002	0.10	0.0004
37.19	1.0669	36.99	1.0662	36.79	1.0655	36.59	1.0648	0.03	0.0001	0.07	0.0002	0.10	0.0004
35.22	1.0602	35.02	1.0595	34.82	1.0589	34.63	1.0583	0.03	0.0001	0.07	0.0002	0.10	0.0003
33.27	1.0539	33.07	1.0533	32.88	1.0527	32.69	1.0521	0.03	0.0001	0.06	0.0002	0.10	0.0003
31.34	1.0480	31.15	1.0474	30.96	1.0468	30.76	1.0462	0.03	0.0001	0.06	0.0002	0.10	0.0003
29.43	1.0424	29.24	1.0419	29.05	1.0413	28.86	1.0408	0.03	0.0001	0.06	0.0002	0.10	0.0003
27.54	1.0372	27.36	1.0368	27.17	1.0363	26.98	1.0358	0.03	0.0001	0.06	0.0002	0.10	0.0003
25.68	1.0324	25.49	1.0320	25.30	1.0315	25.12	1.0311	0.03	0.0001	0.06	0.0002	0.10	0.0002
23.82	1.0280	23.64	1.0276	23.45	1.0271	23.27	1.0267	0.03	0.0001	0.06	0.0001	0.09	0.0002
21.99	1.0239	21.80	1.0235	21.62	1.0231	21.44	1.0227	0.03	0.0001	0.06	0.0001	0.09	0.0002
20.16	1.0201	19.98	1.0198	19.80	1.0194	19.62	1.0191	0.03	0.0001	0.06	0.0001	0.09	0.0002
18.35	1.0167	18.17	1.0164	17.99	1.0161	17.81	1.0157	0.03	0.0001	0.06	0.0001	0.09	0.0002
16.55	1.0136	16.38	1.0133	16.20	1.0130	16.02	1.0128	0.03	0.0000	0.06	0.0001	0.09	0.0001

度数	0′		6′		12′		18′		24′		30′	
	坡度/%	坡度系数	坡度/%	坡度系数	坡度/%	坡度系数	坡度/%	坡度系数	坡度/%	坡度系数	坡度/%	坡度系数
81°	15.84	1.0125	15.66	1.0122	15.48	1.0119	15.30	1.0116	15.12	1.0114	14.95	1.0111
82°	14.05	1.0098	13.88	1.0096	13.70	1.0093	13.52	1.0091	13.34	1.0089	13.17	1.0086
83°	12.28	1.0075	12.10	1.0073	11.92	1.0071	11.75	1.0069	11.57	1.0067	11.39	1.0065
84°	10.51	1.0055	10.33	1.0053	10.16	1.0051	9.98	1.0050	9.81	1.0048	9.63	1.0046
85°	8.75	1.0038	8.57	1.0037	8.40	1.0035	8.22	1.0034	8.05	1.0032	7.87	1.0031
86°	6.99	1.0024	6.82	1.0023	6.64	1.0022	6.47	1.0021	6.29	1.0020	6.12	1.0019
87°	5.24	1.0014	5.07	1.0013	4.89	1.0012	4.72	1.0011	4.54	1.0010	4.37	1.0010
88°	3.49	1.0006	3.32	1.0006	3.14	1.0005	2.97	1.0004	2.79	1.0004	2.62	1.0003
89°	1.75	1.0002	1.57	1.0001	1.40	1.0001	1.22	1.0001	1.05	1.0001	0.87	1.0000
90°	0.00	1.0000										

36′		42′		48′		54′		1′		2′		3′	
坡度/%	坡度系数	坡度/%	坡度系数	坡度/%	坡度系数	坡度/%	坡度系数	坡度/%	坡度系数	坡度/%	坡度系数	坡度/%	坡度系数
14.77	1.0108	14.59	1.0106	14.41	1.0103	14.23	1.0101	0.03	0.0000	0.06	0.0001	0.09	0.0001
12.99	1.0084	12.81	1.0082	12.63	1.0079	12.46	1.0077	0.03	0.0000	0.06	0.0001	0.09	0.0001
11.22	1.0063	11.04	1.0061	10.86	1.0059	10.69	1.0057	0.03	0.0000	0.06	0.0001	0.09	0.0001
9.45	1.0045	9.28	1.0043	9.10	1.0041	8.92	1.0040	0.03	0.0000	0.06	0.0001	0.09	0.0001
7.69	1.0030	7.52	1.0028	7.34	1.0027	7.17	1.0026	0.03	0.0000	0.06	0.0000	0.09	0.0001
5.94	1.0018	5.77	1.0017	5.59	1.0016	5.42	1.0015	0.03	0.0000	0.06	0.0000	0.09	0.0001
4.19	1.0009	4.02	1.0008	3.84	1.0007	3.67	1.0007	0.03	0.0000	0.06	0.0000	0.09	0.0000
2.44	1.0003	2.27	1.0003	2.09	1.0002	1.92	1.0002	0.03	0.0000	0.06	0.0000	0.09	0.0000
0.70	1.0000	0.52	1.0000	0.35	1.0000	0.17	1.0000	0.03	0.0000	0.06	0.0000	0.09	0.0000

表三　坡度系数表

小数	%	0	1	2	3	4	5	6	7	8	9	1	2	3	4	5	6	7	8	9
0.01	1	1.0000	1.0001	1.0001	1.0001	1.0001	1.0001	1.0001	1.0001	1.0002	1.0002	0	0	0	0	0	0	0	0	0
0.02	2	1.0002	1.0002	1.0002	1.0003	1.0003	1.0003	1.0003	1.0004	1.0004	1.0004	0	0	0	0	0	0	0	0	0
0.03	3	1.0004	1.0005	1.0005	1.0005	1.0006	1.0006	1.0006	1.0007	1.0007	1.0008	0	0	0	0	0	0	0	0	0
0.04	4	1.0008	1.0008	1.0009	1.0009	1.0010	1.0010	1.0011	1.0011	1.0012	1.0012	0	0	0	0	0	0	0	0	0
0.05	5	1.0012	1.0013	1.0014	1.0014	1.0015	1.0015	1.0016	1.0016	1.0017	1.0017	0	0	0	0	0	0	0	0	0
0.06	6	1.0018	1.0019	1.0019	1.0020	1.0020	1.0021	1.0022	1.0022	1.0023	1.0024	0	0	0	0	0	0	0	0	1
0.07	7	1.0024	1.0025	1.0026	1.0027	1.0027	1.0028	1.0029	1.0030	1.0030	1.0031	0	0	0	0	0	0	0	1	1
0.08	8	1.0032	1.0033	1.0034	1.0034	1.0035	1.0036	1.0037	1.0038	1.0039	1.0040	0	0	0	0	0	0	1	1	1
0.09	9	1.0040	1.0041	1.0042	1.0043	1.0044	1.0045	1.0046	1.0047	1.0048	1.0049	0	0	0	0	0	1	1	1	1
0.10	10	1.0050	1.0051	1.0052	1.0053	1.0054	1.0055	1.0056	1.0057	1.0058	1.0059	0	0	0	0	0	1	1	1	1
0.11	11	1.0060	1.0061	1.0063	1.0064	1.0065	1.0066	1.0067	1.0068	1.0069	1.0071	0	0	0	0	1	1	1	1	1
0.12	12	1.0072	1.0073	1.0074	1.0075	1.0077	1.0078	1.0079	1.0080	1.0082	1.0083	0	0	0	0	1	1	1	1	1
0.13	13	1.0084	1.0085	1.0087	1.0088	1.0089	1.0091	1.0092	1.0093	1.0095	1.0096	0	0	0	1	1	1	1	1	1
0.14	14	1.0098	1.0099	1.0100	1.0102	1.0103	1.0105	1.0106	1.0107	1.0109	1.0110	0	0	0	1	1	1	1	1	1
0.15	15	1.0112	1.0113	1.0115	1.0116	1.0118	1.0119	1.0121	1.0122	1.0124	1.0126	0	0	0	1	1	1	1	1	1
0.16	16	1.0127	1.0129	1.0130	1.0132	1.0134	1.0135	1.0137	1.0138	1.0140	1.0142	0	0	0	1	1	1	1	1	2
0.17	17	1.0143	1.0145	1.0147	1.0149	1.0150	1.0152	1.0154	1.0155	1.0157	1.0159	0	0	1	1	1	1	1	1	2
0.18	18	1.0161	1.0162	1.0164	1.0166	1.0168	1.0170	1.0172	1.0173	1.0175	1.0177	0	0	1	1	1	1	1	1	2
0.19	19	1.0179	1.0181	1.0183	1.0185	1.0186	1.0188	1.0190	1.0192	1.0194	1.0196	0	0	1	1	1	1	1	2	2
0.20	20	1.0198	1.0200	1.0202	1.0204	1.0206	1.0208	1.0210	1.0212	1.0214	1.0216	0	0	1	1	1	1	1	2	2

156

坡度		0	1	2	3	4	5	6	7	8	9	1	2	3	4	5	6	7	8	9
小数	%																			
0.21	21	1.0218	1.0220	1.0222	1.0224	1.0226	1.0229	1.0231	1.0233	1.0235	1.0237	0	0	1	1	1	1	1	2	2
0.22	22	1.0239	1.0241	1.0243	1.0246	1.0248	1.0250	1.0252	1.0254	1.0257	1.0259	0	0	1	1	1	1	2	2	2
0.23	23	1.0261	1.0263	1.0266	1.0268	1.0270	1.0272	1.0275	1.0277	1.0279	1.0282	0	0	1	1	1	1	2	2	2
0.24	24	1.0284	1.0286	1.0289	1.0291	1.0293	1.0296	1.0298	1.0301	1.0303	1.0305	0	0	1	1	1	1	2	2	2
0.25	25	1.0308	1.0310	1.0313	1.0315	1.0318	1.0320	1.0322	1.0325	1.0327	1.0330	0	1	1	1	1	1	2	2	2
0.26	26	1.0332	1.0335	1.0338	1.0340	1.0343	1.0345	1.0348	1.0350	1.0353	1.0355	0	1	1	1	1	2	2	2	2
0.27	27	1.0358	1.0361	1.0363	1.0366	1.0369	1.0371	1.0374	1.0377	1.0379	1.0382	0	1	1	1	1	2	2	2	2
0.28	28	1.0385	1.0387	1.0390	1.0393	1.0395	1.0398	1.0401	1.0404	1.0406	1.0409	0	1	1	1	1	2	2	2	3
0.29	29	1.0412	1.0415	1.0418	1.0420	1.0423	1.0426	1.0429	1.0432	1.0435	1.0437	0	1	1	1	1	2	2	2	3
0.30	30	1.0440	1.0443	1.0446	1.0449	1.0452	1.0455	1.0458	1.0461	1.0464	1.0467	0	1	1	1	1	2	2	2	3
0.31	31	1.0469	1.0472	1.0475	1.0478	1.0481	1.0484	1.0487	1.0490	1.0493	1.0496	0	1	1	1	1	2	2	2	3
0.32	32	1.0500	1.0503	1.0506	1.0509	1.0512	1.0515	1.0518	1.0521	1.0524	1.0527	0	1	1	1	2	2	2	2	3
0.33	33	1.0530	1.0534	1.0537	1.0540	1.0543	1.0546	1.0549	1.0553	1.0556	1.0559	0	1	1	1	2	2	2	2	3
0.34	34	1.0562	1.0565	1.0569	1.0572	1.0575	1.0578	1.0582	1.0585	1.0588	1.0592	0	1	1	1	2	2	2	3	3
0.35	35	1.0595	1.0598	1.0601	1.0605	1.0608	1.0611	1.0615	1.0618	1.0622	1.0625	0	1	1	1	2	2	2	3	3
0.36	36	1.0628	1.0632	1.0635	1.0638	1.0642	1.0645	1.0649	1.0652	1.0656	1.0659	0	1	1	1	2	2	2	3	3
0.37	37	1.0663	1.0666	1.0670	1.0673	1.0676	1.0680	1.0684	1.0687	1.0691	1.0694	0	1	1	1	2	2	2	3	3
0.38	38	1.0698	1.0701	1.0705	1.0708	1.0712	1.0716	1.0719	1.0723	1.0726	1.0730	0	1	1	1	2	2	2	3	3
0.39	39	1.0734	1.0737	1.0741	1.0745	1.0748	1.0752	1.0756	1.0759	1.0763	1.0767	0	1	1	1	2	2	3	3	3
0.40	40	1.0770	1.0774	1.0778	1.0782	1.0785	1.0789	1.0793	1.0797	1.0800	1.0804	0	1	1	2	2	2	3	3	3

坡度 小数	%	0	1	2	3	4	5	6	7	8	9	1	2	3	4	5	6	7	8	9
0.41	41	1.0808	1.0812	1.0815	1.0819	1.0823	1.0827	1.0831	1.0835	1.0838	1.0842	0	1	1	2	2	2	3	3	3
0.42	42	1.0846	1.0850	1.0854	1.0858	1.0862	1.0866	1.0870	1.0873	1.0877	1.0881	0	1	1	2	2	2	3	3	3
0.43	43	1.0885	1.0889	1.0893	1.0897	1.0901	1.0905	1.0909	1.0913	1.0917	1.0921	0	1	1	2	2	2	3	3	4
0.44	44	1.0925	1.0929	1.0933	1.0937	1.0941	1.0945	1.0950	1.0954	1.0958	1.0962	0	1	1	2	2	2	3	3	4
0.45	45	1.0966	1.0970	1.0974	1.0978	1.0982	1.0986	1.0991	1.0995	1.0999	1.1003	0	1	1	2	2	2	3	3	4
0.46	46	1.1007	1.1011	1.1016	1.1020	1.1024	1.1028	1.1032	1.1037	1.1041	1.1045	0	1	1	2	2	3	3	3	4
0.47	47	1.1049	1.1054	1.1058	1.1062	1.1067	1.1071	1.1075	1.1079	1.1084	1.1088	0	1	1	2	2	3	3	3	4
0.48	48	1.1092	1.1097	1.1101	1.1105	1.1110	1.1114	1.1118	1.1123	1.1127	1.1132	0	1	1	2	2	3	3	3	4
0.49	49	1.1136	1.1140	1.1145	1.1149	1.1154	1.1158	1.1163	1.1167	1.1171	1.1176	0	1	1	2	2	3	3	4	4
0.50	50	1.1180	1.1185	1.1189	1.1194	1.1198	1.1203	1.1207	1.1212	1.1216	1.1221	0	1	1	2	2	3	3	4	4
0.51	51	1.1225	1.1230	1.1235	1.1239	1.1244	1.1248	1.1253	1.1257	1.1262	1.1267	0	1	1	2	2	3	3	4	4
0.52	52	1.1271	1.1276	1.1280	1.1285	1.1290	1.1294	1.1299	1.1304	1.1308	1.1313	0	1	1	2	2	3	3	4	4
0.53	53	1.1318	1.1322	1.1327	1.1332	1.1336	1.1341	1.1346	1.1351	1.1355	1.1360	0	1	1	2	2	3	3	4	4
0.54	54	1.1365	1.1370	1.1374	1.1379	1.1384	1.1389	1.1393	1.1398	1.1403	1.1408	0	1	1	2	2	3	3	4	4
0.55	55	1.1413	1.1418	1.1422	1.1427	1.1432	1.1437	1.1442	1.1447	1.1451	1.1456	0	1	2	2	2	3	3	4	4
0.56	56	1.1461	1.1466	1.1471	1.1476	1.1481	1.1486	1.1491	1.1496	1.1501	1.1505	0	1	2	2	2	3	3	4	4
0.57	57	1.1510	1.1515	1.1520	1.1525	1.1530	1.1535	1.1540	1.1545	1.1550	1.1555	1	1	2	2	3	3	4	4	5
0.58	58	1.1560	1.1565	1.1570	1.1575	1.1580	1.1585	1.1590	1.1596	1.1601	1.1606	1	1	2	2	3	3	4	4	5
0.59	59	1.1611	1.1616	1.1621	1.1626	1.1631	1.1636	1.1641	1.1646	1.1652	1.1657	1	1	2	2	3	3	4	4	5
0.60	60	1.1662	1.1667	1.1672	1.1677	1.1683	1.1688	1.1693	1.1698	1.1703	1.1708	1	1	2	2	3	3	4	4	5

坡度		0	1	2	3	4	5	6	7	8	9	1	2	3	4	5	6	7	8	9
小数	%																			
0.61	61	1.1714	1.1719	1.1724	1.1729	1.1735	1.1740	1.1745	1.1750	1.1756	1.1761	1	1	2	2	3	3	4	4	5
0.62	62	1.1766	1.1771	1.1777	1.1782	1.1787	1.1792	1.1798	1.1803	1.1808	1.1814	1	1	2	2	3	3	4	4	5
0.63	63	1.1819	1.1824	1.1830	1.1835	1.1840	1.1846	1.1851	1.1857	1.1862	1.1867	1	1	2	2	3	3	4	4	5
0.64	64	1.1873	1.1878	1.1883	1.1889	1.1894	1.1900	1.1905	1.1911	1.1916	1.1921	1	1	2	2	3	3	4	4	5
0.65	65	1.1927	1.1932	1.1938	1.1943	1.1949	1.1954	1.1960	1.1965	1.1971	1.1976	1	1	2	2	3	3	4	4	5
0.66	66	1.1982	1.1987	1.1993	1.1998	1.2004	1.2009	1.2015	1.2020	1.2026	1.2031	1	1	2	2	3	3	4	4	5
0.67	67	1.2037	1.2043	1.2048	1.2054	1.2059	1.2065	1.2071	1.2076	1.2082	1.2087	1	1	2	2	3	3	4	4	5
0.68	68	1.2093	1.2099	1.2104	1.2110	1.2116	1.2121	1.2127	1.2132	1.2138	1.2144	1	1	2	2	3	3	4	4	5
0.69	69	1.2149	1.2155	1.2161	1.2167	1.2172	1.2178	1.2184	1.2189	1.2195	1.2201	1	1	2	2	3	3	4	5	5
0.70	70	1.2207	1.2212	1.2218	1.2224	1.2230	1.2235	1.2241	1.2247	1.2253	1.2258	1	1	2	2	3	3	4	5	5
0.71	71	1.2264	1.2270	1.2276	1.2282	1.2287	1.2293	1.2299	1.2305	1.2311	1.2316	1	1	2	2	3	4	4	5	5
0.72	72	1.2322	1.2328	1.2334	1.2340	1.2346	1.2352	1.2357	1.2363	1.2369	1.2375	1	1	2	2	3	4	4	5	5
0.73	73	1.2381	1.2387	1.2393	1.2399	1.2405	1.2411	1.2417	1.2422	1.2428	1.2434	1	1	2	2	3	4	4	5	5
0.74	74	1.2440	1.2446	1.2452	1.2458	1.2464	1.2470	1.2476	1.2482	1.2488	1.2494	1	1	2	2	3	4	4	5	5
0.75	75	1.2500	1.2506	1.2512	1.2518	1.2524	1.2530	1.2536	1.2542	1.2548	1.2554	1	1	2	2	3	4	4	5	5
0.76	76	1.2560	1.2566	1.2572	1.2578	1.2584	1.2591	1.2597	1.2603	1.2609	1.2615	1	1	2	2	3	4	4	5	5
0.77	77	1.2621	1.2627	1.2633	1.2639	1.2645	1.2652	1.2658	1.2664	1.2670	1.2676	1	1	2	2	3	4	4	5	6
0.78	78	1.2682	1.2688	1.2695	1.2701	1.2707	1.2713	1.2719	1.2725	1.2732	1.2738	1	1	2	2	3	4	4	5	6
0.79	79	1.2744	1.2750	1.2756	1.2763	1.2769	1.2775	1.2781	1.2788	1.2794	1.2800	1	1	2	2	3	4	4	5	6
0.80	80	1.2806	1.2812	1.2819	1.2825	1.2831	1.2838	1.2844	1.2850	1.2856	1.2863	1	1	2	3	3	4	4	5	6

坡度 小数	坡度 %	0	1	2	3	4	5	6	7	8	9	1	2	3	4	5	6	7	8	9
0.81	81	1.2869	1.2875	1.2882	1.2888	1.2894	1.2900	1.2907	1.2913	1.2919	1.2926	1	1	2	3	3	4	4	5	6
0.82	82	1.2932	1.2938	1.2945	1.2951	1.2958	1.2964	1.2970	1.2977	1.2983	1.2989	1	1	2	3	3	4	4	5	6
0.83	83	1.2996	1.3002	1.3009	1.3015	1.3021	1.3028	1.3034	1.3041	1.3047	1.3053	1	1	2	3	3	4	5	5	6
0.84	84	1.3060	1.3066	1.3073	1.3079	1.3086	1.3092	1.3099	1.3105	1.3111	1.3118	1	1	2	3	3	4	5	5	6
0.85	85	1.3124	1.3131	1.3137	1.3144	1.3150	1.3157	1.3163	1.3170	1.3176	1.3183	1	1	2	3	3	4	5	5	6
0.86	86	1.3189	1.3196	1.3202	1.3209	1.3216	1.3222	1.3229	1.3235	1.3242	1.3248	1	1	2	3	3	4	5	5	6
0.87	87	1.3255	1.3261	1.3268	1.3275	1.3281	1.3288	1.3294	1.3301	1.3307	1.3314	1	1	2	3	3	4	5	5	6
0.88	88	1.3321	1.3327	1.3334	1.3340	1.3347	1.3354	1.3360	1.3367	1.3374	1.3380	1	1	2	3	3	4	5	5	6
0.89	89	1.3387	1.3394	1.3400	1.3407	1.3414	1.3420	1.3427	1.3434	1.3440	1.3447	1	1	2	3	3	4	5	5	6
0.90	90	1.3454	1.3460	1.3467	1.3474	1.3480	1.3487	1.3494	1.3501	1.3507	1.3514	1	1	2	3	3	4	5	5	6
0.91	91	1.3521	1.3527	1.3534	1.3541	1.3548	1.3554	1.3561	1.3568	1.3575	1.3581	1	1	2	3	3	4	5	5	6
0.92	92	1.3588	1.3595	1.3602	1.3609	1.3615	1.3622	1.3629	1.3636	1.3643	1.3649	1	1	2	3	3	4	5	5	6
0.93	93	1.3656	1.3663	1.3670	1.3677	1.3683	1.3690	1.3697	1.3704	1.3711	1.3718	1	1	2	3	3	4	5	5	6
0.94	94	1.3724	1.3731	1.3738	1.3745	1.3752	1.3759	1.3766	1.3772	1.3779	1.3786	1	1	2	3	3	4	5	6	6
0.95	95	1.3793	1.3800	1.3807	1.3814	1.3821	1.3828	1.3835	1.3841	1.3848	1.3855	1	1	2	3	3	4	5	6	6
0.96	96	1.3862	1.3869	1.3876	1.3883	1.3890	1.3897	1.3904	1.3911	1.3918	1.3925	1	1	2	3	3	4	5	6	6
0.97	97	1.3932	1.3939	1.3946	1.3953	1.3959	1.3966	1.3973	1.3980	1.3987	1.3994	1	1	2	3	4	4	5	6	6
0.98	98	1.4001	1.4008	1.4015	1.4022	1.4029	1.4036	1.4043	1.4051	1.4058	1.4065	1	1	2	3	4	4	5	6	6
0.99	99	1.4072	1.4079	1.4086	1.4093	1.4100	1.4107	1.4114	1.4121	1.4128	1.4135	1	1	2	3	4	4	5	6	6
1.00	100	1.4142	1.4149	1.4156	1.4163	1.4170	1.4178	1.4185	1.4192	1.4199	1.4206	1	1	2	3	4	4	5	6	6

坡度 小数	%	0	1	2	3	4	5	6	7	8	9	1	2	3	4	5	6	7	8	9
1.01	101	1.4213	1.4220	1.4227	1.4234	1.4241	1.4249	1.4256	1.4263	1.4270	1.4277	1	1	2	3	4	4	5	6	6
1.02	102	1.4284	1.4291	1.4299	1.4306	1.4313	1.4320	1.4327	1.4334	1.4341	1.4349	1	1	2	3	4	4	5	6	6
1.03	103	1.4356	1.4363	1.4370	1.4377	1.4385	1.4392	1.4399	1.4406	1.4413	1.4421	1	1	2	3	4	4	5	6	6
1.04	104	1.4428	1.4435	1.4442	1.4449	1.4457	1.4464	1.4471	1.4478	1.4486	1.4493	1	1	2	3	4	4	5	6	7
1.05	105	1.4500	1.4507	1.4514	1.4522	1.4529	1.4536	1.4544	1.4551	1.4558	1.4565	1	1	2	3	4	4	5	6	7
1.06	106	1.4573	1.4580	1.4587	1.4594	1.4602	1.4609	1.4616	1.4624	1.4631	1.4638	1	1	2	3	4	4	5	6	7
1.07	107	1.4645	1.4653	1.4660	1.4667	1.4675	1.4682	1.4689	1.4697	1.4704	1.4711	1	1	2	3	4	4	5	6	7
1.08	108	1.4719	1.4726	1.4733	1.4741	1.4748	1.4755	1.4763	1.4770	1.4777	1.4785	1	1	2	3	4	4	5	6	7
1.09	109	1.4792	1.4800	1.4807	1.4814	1.4822	1.4829	1.4836	1.4844	1.4851	1.4859	1	1	2	3	4	4	5	6	7
1.10	110	1.4866	1.4873	1.4881	1.4888	1.4896	1.4903	1.4911	1.4918	1.4925	1.4933	1	1	2	3	4	4	5	6	7
1.11	111	1.4940	1.4948	1.4955	1.4963	1.4970	1.4977	1.4985	1.4992	1.5000	1.5007	1	1	2	3	4	4	5	6	7
1.12	112	1.5015	1.5022	1.5030	1.5037	1.5045	1.5052	1.5059	1.5067	1.5074	1.5082	1	2	2	3	4	4	5	6	7
1.13	113	1.5089	1.5097	1.5104	1.5112	1.5119	1.5127	1.5134	1.5142	1.5149	1.5157	1	2	2	3	4	5	5	6	7
1.14	114	1.5164	1.5172	1.5179	1.5187	1.5195	1.5202	1.5210	1.5217	1.5225	1.5232	1	2	2	3	4	5	5	6	7
1.15	115	1.5240	1.5247	1.5255	1.5262	1.5270	1.5278	1.5285	1.5293	1.5300	1.5308	1	2	2	3	4	5	5	6	7
1.16	116	1.5315	1.5323	1.5331	1.5338	1.5346	1.5353	1.5361	1.5368	1.5376	1.5384	1	2	2	3	4	5	5	6	7
1.17	117	1.5391	1.5399	1.5406	1.5414	1.5422	1.5429	1.5437	1.5445	1.5452	1.5460	1	2	2	3	4	5	5	6	7
1.18	118	1.5467	1.5475	1.5483	1.5490	1.5498	1.5506	1.5513	1.5521	1.5529	1.5536	1	2	2	3	4	5	5	6	7
1.19	119	1.5544	1.5551	1.5559	1.5567	1.5574	1.5582	1.5590	1.5597	1.5605	1.5613	1	2	2	3	4	5	5	6	7
1.20	120	1.5620	1.5628	1.5636	1.5644	1.5651	1.5659	1.5667	1.5674	1.5682	1.5690	1	2	2	3	4	5	5	6	7

坡度		0	1	2	3	4	5	6	7	8	9	1	2	3	4	5	6	7	8	9
小数	%																			
1.21	121	1.5697	1.5705	1.5713	1.5721	1.5728	1.5736	1.5744	1.5751	1.5759	1.5767	1	2	2	3	4	5	5	6	7
1.22	122	1.5775	1.5782	1.5790	1.5798	1.5806	1.5813	1.5821	1.5829	1.5837	1.5844	1	2	2	3	4	5	5	6	7
1.23	123	1.5852	1.5860	1.5868	1.5875	1.5883	1.5891	1.5899	1.5907	1.5914	1.5922	1	2	2	3	4	5	5	6	7
1.24	124	1.5930	1.5938	1.5945	1.5953	1.5961	1.5969	1.5977	1.5984	1.5992	1.6000	1	2	2	3	4	5	5	6	7
1.25	125	1.6008	1.6016	1.6023	1.6031	1.6039	1.6047	1.6055	1.6063	1.6070	1.6078	1	2	2	3	4	5	5	6	7
1.26	126	1.6086	1.6094	1.6102	1.6110	1.6117	1.6125	1.6133	1.6141	1.6149	1.6157	1	2	2	3	4	5	5	6	7
1.27	127	1.6164	1.6172	1.6180	1.6188	1.6196	1.6204	1.6212	1.6220	1.6227	1.6235	1	2	2	3	4	5	6	6	7
1.28	128	1.6243	1.6251	1.6259	1.6267	1.6275	1.6283	1.6290	1.6298	1.6306	1.6314	1	2	2	3	4	5	6	6	7
1.29	129	1.6322	1.6330	1.6338	1.6346	1.6354	1.6362	1.6370	1.6377	1.6385	1.6393	1	2	2	3	4	5	6	6	7
1.30	130	1.6401	1.6409	1.6417	1.6425	1.6433	1.6441	1.6449	1.6457	1.6465	1.6473	1	2	2	3	4	5	6	6	7
1.31	131	1.6481	1.6489	1.6496	1.6504	1.6512	1.6520	1.6528	1.6536	1.6544	1.6552	1	2	2	3	4	5	6	6	7
1.32	132	1.6560	1.6568	1.6576	1.6584	1.6592	1.6600	1.6608	1.6616	1.6624	1.6632	1	2	2	3	4	5	6	6	7
1.33	133	1.6640	1.6648	1.6656	1.6664	1.6672	1.6680	1.6688	1.6696	1.6704	1.6712	1	2	2	3	4	5	6	6	7
1.34	134	1.6720	1.6728	1.6736	1.6744	1.6752	1.6760	1.6768	1.6776	1.6784	1.6792	1	2	2	3	4	5	6	6	7
1.35	135	1.6800	1.6808	1.6816	1.6824	1.6832	1.6841	1.6849	1.6857	1.6865	1.6873	1	2	2	3	4	5	6	6	7
1.36	136	1.6881	1.6889	1.6897	1.6905	1.6913	1.6921	1.6929	1.6937	1.6945	1.6953	1	2	2	3	4	5	6	6	7
1.37	137	1.6961	1.6970	1.6978	1.6986	1.6994	1.7002	1.7010	1.7018	1.7026	1.7034	1	2	2	3	4	5	6	6	7
1.38	138	1.7042	1.7050	1.7058	1.7067	1.7075	1.7083	1.7091	1.7099	1.7107	1.7115	1	2	2	3	4	5	6	7	7
1.39	139	1.7123	1.7131	1.7140	1.7148	1.7156	1.7164	1.7172	1.7180	1.7188	1.7197	1	2	2	3	4	5	6	7	7
1.40	140	1.7205	1.7213	1.7221	1.7229	1.7237	1.7245	1.7254	1.7262	1.7270	1.7278	1	2	2	3	4	5	6	7	7

坡度 小数	%	0	1	2	3	4	5	6	7	8	9	1	2	3	4	5	6	7	8	9
1.41	141	1.7286	1.7294	1.7302	1.7311	1.7319	1.7327	1.7335	1.7343	1.7351	1.7360	1	2	2	3	4	5	6	7	7
1.42	142	1.7368	1.7376	1.7384	1.7392	1.7401	1.7409	1.7417	1.7425	1.7433	1.7441	1	2	2	3	4	5	6	7	7
1.43	143	1.7450	1.7458	1.7466	1.7474	1.7482	1.7491	1.7499	1.7507	1.7515	1.7523	1	2	2	3	4	5	6	7	7
1.44	144	1.7532	1.7540	1.7548	1.7556	1.7565	1.7573	1.7581	1.7589	1.7597	1.7606	1	2	2	3	4	5	6	7	7
1.45	145	1.7614	1.7622	1.7630	1.7639	1.7647	1.7655	1.7663	1.7672	1.7680	1.7688	1	2	2	3	4	5	6	7	7
1.46	146	1.7696	1.7705	1.7713	1.7721	1.7729	1.7738	1.7746	1.7754	1.7762	1.7771	1	2	2	3	4	5	6	7	7
1.47	147	1.7779	1.7787	1.7795	1.7804	1.7812	1.7820	1.7829	1.7837	1.7845	1.7853	1	2	2	3	4	5	6	7	7
1.48	148	1.7862	1.7870	1.7878	1.7887	1.7895	1.7903	1.7911	1.7920	1.7928	1.7936	1	2	2	3	4	5	6	7	7
1.49	149	1.7945	1.7953	1.7961	1.7970	1.7978	1.7986	1.7994	1.8003	1.8011	1.8019	1	2	2	3	4	5	6	7	8
1.50	150	1.8028	1.8036	1.8044	1.8053	1.8061	1.8069	1.8078	1.8086	1.8094	1.8103	1	2	3	3	4	5	6	7	8
1.51	151	1.8111	1.8119	1.8128	1.8136	1.8144	1.8153	1.8161	1.8169	1.8178	1.8186	1	2	3	3	4	5	6	7	8
1.52	152	1.8195	1.8203	1.8211	1.8220	1.8228	1.8236	1.8245	1.8253	1.8261	1.8270	1	2	3	3	4	5	6	7	8
1.53	153	1.8278	1.8287	1.8295	1.8303	1.8312	1.8320	1.8328	1.8337	1.8345	1.8354	1	2	3	3	4	5	6	7	8
1.54	154	1.8362	1.8370	1.8379	1.8387	1.8395	1.8404	1.8412	1.8421	1.8429	1.8437	1	2	3	3	4	5	6	7	8
1.55	155	1.8446	1.8454	1.8463	1.8471	1.8479	1.8488	1.8496	1.8505	1.8513	1.8522	1	2	3	3	4	5	6	7	8
1.56	156	1.8530	1.8538	1.8547	1.8555	1.8564	1.8572	1.8581	1.8589	1.8597	1.8606	1	2	3	3	4	5	6	7	8
1.57	157	1.8614	1.8623	1.8631	1.8640	1.8648	1.8656	1.8665	1.8673	1.8682	1.8690	1	2	3	3	4	5	6	7	8
1.58	158	1.8699	1.8707	1.8716	1.8724	1.8732	1.8741	1.8749	1.8758	1.8766	1.8775	1	2	3	3	4	5	6	7	8
1.59	159	1.8783	1.8792	1.8800	1.8809	1.8817	1.8826	1.8834	1.8843	1.8851	1.8859	1	2	3	3	4	5	6	7	8
1.60	160	1.8868	1.8876	1.8885	1.8893	1.8902	1.8910	1.8919	1.8927	1.8936	1.8944	1	2	3	3	4	5	6	7	8

续表

坡度 小数	%	0	1	2	3	4	5	6	7	8	9	1	2	3	4	5	6	7	8	9
1.61	161	1.8953	1.8961	1.8970	1.8978	1.8987	1.8995	1.9004	1.9012	1.9021	1.9029	1	2	3	3	4	5	6	7	8
1.62	162	1.9038	1.9046	1.9055	1.9063	1.9072	1.9080	1.9089	1.9097	1.9106	1.9114	1	2	3	3	4	5	6	7	8
1.63	163	1.9123	1.9132	1.9140	1.9149	1.9157	1.9166	1.9174	1.9183	1.9191	1.9200	1	2	3	3	4	5	6	7	8
1.64	164	1.9208	1.9217	1.9225	1.9234	1.9242	1.9251	1.9260	1.9268	1.9277	1.9285	1	2	3	3	4	5	6	7	8
1.65	165	1.9294	1.9302	1.9311	1.9319	1.9328	1.9337	1.9345	1.9354	1.9362	1.9371	1	2	3	3	4	5	6	7	8
1.66	166	1.9379	1.9388	1.9397	1.9405	1.9414	1.9422	1.9431	1.9439	1.9448	1.9457	1	2	3	3	4	5	6	7	8
1.67	167	1.9465	1.9474	1.9482	1.9491	1.9499	1.9508	1.9517	1.9525	1.9534	1.9542	1	2	3	3	4	5	6	7	8
1.68	168	1.9551	1.9560	1.9568	1.9577	1.9585	1.9594	1.9603	1.9611	1.9620	1.9628	1	2	3	3	4	5	6	7	8
1.69	169	1.9637	1.9646	1.9654	1.9663	1.9671	1.9680	1.9689	1.9697	1.9706	1.9714	1	2	3	3	4	5	6	7	8
1.70	170	1.9723	1.9732	1.9740	1.9749	1.9758	1.9766	1.9775	1.9783	1.9792	1.9801	1	2	3	3	4	5	6	7	8
1.71	171	1.9809	1.9818	1.9827	1.9835	1.9844	1.9853	1.9861	1.9870	1.9878	1.9887	1	2	3	3	4	5	6	7	8
1.72	172	1.9896	1.9904	1.9913	1.9922	1.9930	1.9939	1.9948	1.9956	1.9965	1.9974	1	2	3	3	4	5	6	7	8
1.73	173	1.9982	1.9991	2.0000	2.0008	2.0017	2.0026	2.0034	2.0043	2.0052	2.0060	1	2	3	3	4	5	6	7	8
1.74	174	2.0069	2.0078	2.0086	2.0095	2.0104	2.0112	2.0121	2.0130	2.0138	2.0147	1	2	3	3	4	5	6	7	8
1.75	175	2.0156	2.0164	2.0173	2.0182	2.0190	2.0199	2.0208	2.0216	2.0225	2.0234	1	2	3	3	4	5	6	7	8
1.76	176	2.0243	2.0251	2.0260	2.0269	2.0277	2.0286	2.0295	2.0303	2.0312	2.0321	1	2	3	3	4	5	6	7	8
1.77	177	2.0330	2.0338	2.0347	2.0356	2.0364	2.0373	2.0382	2.0391	2.0399	2.0408	1	2	3	3	4	5	6	7	8
1.78	178	2.0417	2.0425	2.0434	2.0443	2.0452	2.0460	2.0469	2.0478	2.0486	2.0495	1	2	3	3	4	5	6	7	8
1.79	179	2.0504	2.0513	2.0521	2.0530	2.0539	2.0548	2.0556	2.0565	2.0574	2.0583	1	2	3	4	4	5	6	7	8
1.80	180	2.0591	2.0600	2.0609	2.0617	2.0626	2.0635	2.0644	2.0652	2.0661	2.0670	1	2	3	4	4	5	6	7	8

坡度 小数	%	0	1	2	3	4	5	6	7	8	9	1	2	3	4	5	6	7	8	9
1.81	181	2.0679	2.0687	2.0696	2.0705	2.0714	2.0723	2.0731	2.0740	2.0749	2.0758	1	2	3	4	4	5	6	7	8
1.82	182	2.0766	2.0775	2.0784	2.0793	2.0801	2.0810	2.0819	2.0828	2.0836	2.0845	1	2	3	4	4	5	6	7	8
1.83	183	2.0854	2.0863	2.0872	2.0880	2.0889	2.0898	2.0907	2.0915	2.0924	2.0933	1	2	3	4	4	5	6	7	8
1.84	184	2.0942	2.0951	2.0959	2.0968	2.0977	2.0986	2.0995	2.1003	2.1012	2.1021	1	2	3	4	4	5	6	7	8
1.85	185	2.1030	2.1039	2.1047	2.1056	2.1065	2.1074	2.1083	2.1091	2.1100	2.1109	1	2	3	4	4	5	6	7	8
1.86	186	2.1118	2.1127	2.1135	2.1144	2.1153	2.1162	2.1171	2.1179	2.1188	2.1197	1	2	3	4	4	5	6	7	8
1.87	187	2.1206	2.1215	2.1224	2.1232	2.1241	2.1250	2.1259	2.1268	2.1276	2.1285	1	2	3	4	4	5	6	7	8
1.88	188	2.1294	2.1303	2.1312	2.1321	2.1329	2.1338	2.1347	2.1356	2.1365	2.1374	1	2	3	4	4	5	6	7	8
1.89	189	2.1382	2.1391	2.1400	2.1409	2.1418	2.1427	2.1436	2.1444	2.1453	2.1462	1	2	3	4	4	5	6	7	8
1.90	190	2.1471	2.1480	2.1489	2.1497	2.1506	2.1515	2.1524	2.1533	2.1542	2.1551	1	2	3	4	4	5	6	7	8
1.91	191	2.1559	2.1568	2.1577	2.1586	2.1595	2.1604	2.1613	2.1621	2.1630	2.1639	1	2	3	4	4	5	6	7	8
1.92	192	2.1648	2.1657	2.1666	2.1675	2.1684	2.1692	2.1701	2.1710	2.1719	2.1728	1	2	3	4	4	5	6	7	8
1.93	193	2.1737	2.1746	2.1755	2.1763	2.1772	2.1781	2.1790	2.1799	2.1808	2.1817	1	2	3	4	4	5	6	7	8
1.94	194	2.1826	2.1835	2.1843	2.1852	2.1861	2.1870	2.1879	2.1888	2.1897	2.1906	1	2	3	4	4	5	6	7	8
1.95	195	2.1915	2.1924	2.1932	2.1941	2.1950	2.1959	2.1968	2.1977	2.1986	2.1995	1	2	3	4	4	5	6	7	8
1.96	196	2.2004	2.2013	2.2021	2.2030	2.2039	2.2048	2.2057	2.2066	2.2075	2.2084	1	2	3	4	4	5	6	7	8
1.97	197	2.2093	2.2102	2.2111	2.2120	2.2128	2.2137	2.2146	2.2155	2.2164	2.2173	1	2	3	4	4	5	6	7	8
1.98	198	2.2182	2.2191	2.2200	2.2209	2.2218	2.2227	2.2236	2.2244	2.2253	2.2262	1	2	3	4	4	5	6	7	8
1.99	199	2.2271	2.2280	2.2289	2.2298	2.2307	2.2316	2.2325	2.2334	2.2343	2.2352	1	2	3	4	4	5	6	7	8
2.00	200	2.2361	2.2370	2.2379	2.2388	2.2396	2.2405	2.2414	2.2423	2.2432	2.2441	1	2	3	4	4	5	6	7	8

坡度 小数	%	0	1	2	3	4	5	6	7	8	9	1	2	3	4	5	6	7	8	9
2.01	201	2.2450	2.2459	2.2468	2.2477	2.2486	2.2495	2.2504	2.2513	2.2522	2.2531	1	2	3	4	4	5	6	7	8
2.02	202	2.2540	2.2549	2.2558	2.2567	2.2576	2.2585	2.2594	2.2602	2.2611	2.2620	1	2	3	4	4	5	6	7	8
2.03	203	2.2629	2.2638	2.2647	2.2656	2.2665	2.2674	2.2683	2.2692	2.2701	2.2710	1	2	3	4	4	5	6	7	8
2.04	204	2.2719	2.2728	2.2737	2.2746	2.2755	2.2764	2.2773	2.2782	2.2791	2.2800	1	2	3	4	4	5	6	7	8
2.05	205	2.2809	2.2818	2.2827	2.2836	2.2845	2.2854	2.2863	2.2872	2.2881	2.2890	1	2	3	4	4	5	6	7	8
2.06	206	2.2899	2.2908	2.2917	2.2926	2.2935	2.2944	2.2953	2.2962	2.2971	2.2980	1	2	3	4	5	5	6	7	8
2.07	207	2.2989	2.2998	2.3007	2.3016	2.3025	2.3034	2.3043	2.3052	2.3061	2.3070	1	2	3	4	5	5	6	7	8
2.08	208	2.3079	2.3088	2.3097	2.3106	2.3115	2.3124	2.3133	2.3142	2.3151	2.3160	1	2	3	4	5	5	6	7	8
2.09	209	2.3169	2.3178	2.3187	2.3196	2.3205	2.3214	2.3223	2.3232	2.3241	2.3250	1	2	3	4	5	5	6	7	8
2.10	210	2.3259	2.3268	2.3277	2.3286	2.3296	2.3305	2.3314	2.3323	2.3332	2.3341	1	2	3	4	5	5	6	7	8
2.11	211	2.3350	2.3359	2.3368	2.3377	2.3386	2.3395	2.3404	2.3413	2.3422	2.3431	1	2	3	4	5	5	6	7	8
2.12	212	2.3440	2.3449	2.3458	2.3467	2.3476	2.3485	2.3494	2.3503	2.3513	2.3522	1	2	3	4	5	5	6	7	8
2.13	213	2.3531	2.3540	2.3549	2.3558	2.3567	2.3576	2.3585	2.3594	2.3603	2.3612	1	2	3	4	5	5	6	7	8
2.14	214	2.3621	2.3630	2.3639	2.3648	2.3657	2.3666	2.3676	2.3685	2.3694	2.3703	1	2	3	4	5	5	6	7	8
2.15	215	2.3712	2.3721	2.3730	2.3739	2.3748	2.3757	2.3766	2.3775	2.3784	2.3793	1	2	3	4	5	5	6	7	8
2.16	216	2.3803	2.3812	2.3821	2.3830	2.3839	2.3848	2.3857	2.3866	2.3875	2.3884	1	2	3	4	5	5	6	7	8
2.17	217	2.3893	2.3902	2.3911	2.3921	2.3930	2.3939	2.3948	2.3957	2.3966	2.3975	1	2	3	4	5	5	6	7	8
2.18	218	2.3984	2.3993	2.4002	2.4011	2.4021	2.4030	2.4039	2.4048	2.4057	2.4066	1	2	3	4	5	5	6	7	8
2.19	219	2.4075	2.4084	2.4093	2.4102	2.4111	2.4121	2.4130	2.4139	2.4148	2.4157	1	2	3	4	5	5	6	7	8
2.20	220	2.4166	2.4175	2.4184	2.4193	2.4203	2.4212	2.4221	2.4230	2.4239	2.4248	1	2	3	4	5	5	6	7	8

166

坡度 小数	%	0	1	2	3	4	5	6	7	8	9	1	2	3	4	5	6	7	8	9
2.21	221	2.4257	2.4266	2.4275	2.4284	2.4294	2.4303	2.4312	2.4321	2.4330	2.4339	1	2	3	4	5	5	6	7	8
2.22	222	2.4348	2.4357	2.4367	2.4376	2.4385	2.4394	2.4403	2.4412	2.4421	2.4430	1	2	3	4	5	5	6	7	8
2.23	223	2.4440	2.4449	2.4458	2.4467	2.4476	2.4485	2.4494	2.4503	2.4513	2.4522	1	2	3	4	5	5	6	7	8
2.24	224	2.4531	2.4540	2.4549	2.4558	2.4567	2.4576	2.4586	2.4595	2.4604	2.4613	1	2	3	4	5	5	6	7	8
2.25	225	2.4622	2.4631	2.4640	2.4650	2.4659	2.4668	2.4677	2.4686	2.4695	2.4704	1	2	3	4	5	5	6	7	8
2.26	226	2.4714	2.4723	2.4732	2.4741	2.4750	2.4759	2.4768	2.4778	2.4787	2.4796	1	2	3	4	5	5	6	7	8
2.27	227	2.4805	2.4814	2.4823	2.4832	2.4842	2.4851	2.4860	2.4869	2.4878	2.4887	1	2	3	4	5	5	6	7	8
2.28	228	2.4897	2.4906	2.4915	2.4924	2.4933	2.4942	2.4952	2.4961	2.4970	2.4979	1	2	3	4	5	5	6	7	8
2.29	229	2.4988	2.4997	2.5007	2.5016	2.5025	2.5034	2.5043	2.5052	2.5062	2.5071	1	2	3	4	5	6	6	7	8
2.30	230	2.5080	2.5089	2.5098	2.5107	2.5117	2.5126	2.5135	2.5144	2.5153	2.5162	1	2	3	4	5	6	6	7	8
2.31	231	2.5172	2.5181	2.5190	2.5199	2.5208	2.5218	2.5227	2.5236	2.5245	2.5254	1	2	3	4	5	6	6	7	8
2.32	232	2.5263	2.5273	2.5282	2.5291	2.5300	2.5309	2.5319	2.5328	2.5337	2.5346	1	2	3	4	5	6	6	7	8
2.33	233	2.5355	2.5364	2.5374	2.5383	2.5392	2.5401	2.5410	2.5420	2.5429	2.5438	1	2	3	4	5	6	6	7	8
2.34	234	2.5447	2.5456	2.5466	2.5475	2.5484	2.5493	2.5502	2.5512	2.5521	2.5530	1	2	3	4	5	6	6	7	8
2.35	235	2.5539	2.5548	2.5558	2.5567	2.5576	2.5585	2.5594	2.5604	2.5613	2.5622	1	2	3	4	5	6	6	7	8
2.36	236	2.5631	2.5640	2.5650	2.5659	2.5668	2.5677	2.5686	2.5696	2.5705	2.5714	1	2	3	4	5	6	6	7	8
2.37	237	2.5723	2.5733	2.5742	2.5751	2.5760	2.5769	2.5779	2.5788	2.5797	2.5806	1	2	3	4	5	6	6	7	8
2.38	238	2.5815	2.5825	2.5834	2.5843	2.5852	2.5862	2.5871	2.5880	2.5889	2.5898	1	2	3	4	5	6	6	7	8
2.39	239	2.5908	2.5917	2.5926	2.5935	2.5945	2.5954	2.5963	2.5972	2.5982	2.5991	1	2	3	4	5	6	6	7	8
2.40	240	2.6000	2.6009	2.6018	2.6028	2.6037	2.6046	2.6055	2.6065	2.6074	2.6083	1	2	3	4	5	6	6	7	8

坡度小数	%	0	1	2	3	4	5	6	7	8	9	1	2	3	4	5	6	7	8	9
2.41	241	2.6092	2.6102	2.6111	2.6120	2.6129	2.6139	2.6148	2.6157	2.6166	2.6175	1	2	3	4	5	6	6	7	8
2.42	242	2.6185	2.6194	2.6203	2.6212	2.6222	2.6231	2.6240	2.6249	2.6259	2.6268	1	2	3	4	5	6	6	7	8
2.43	243	2.6277	2.6286	2.6296	2.6305	2.6314	2.6323	2.6333	2.6342	2.6351	2.6360	1	2	3	4	5	6	6	7	8
2.44	244	2.6370	2.6379	2.6388	2.6397	2.6407	2.6416	2.6425	2.6434	2.6444	2.6453	1	2	3	4	5	6	6	7	8
2.45	245	2.6462	2.6471	2.6481	2.6490	2.6499	2.6509	2.6518	2.6527	2.6536	2.6546	1	2	3	4	5	6	6	7	8
2.46	246	2.6555	2.6564	2.6573	2.6583	2.6592	2.6601	2.6610	2.6620	2.6629	2.6638	1	2	3	4	5	6	6	7	8
2.47	247	2.6648	2.6657	2.6666	2.6675	2.6685	2.6694	2.6703	2.6712	2.6722	2.6731	1	2	3	4	5	6	6	7	8
2.48	248	2.6740	2.6750	2.6759	2.6768	2.6777	2.6787	2.6796	2.6805	2.6814	2.6824	1	2	3	4	5	6	6	7	8
2.49	249	2.6833	2.6842	2.6852	2.6861	2.6870	2.6879	2.6889	2.6898	2.6907	2.6917	1	2	3	4	5	6	6	7	8
2.50	250	2.6926	2.6935	2.6944	2.6954	2.6963	2.6972	2.6982	2.6991	2.7000	2.7009	1	2	3	4	5	6	6	7	8
2.51	251	2.7019	2.7028	2.7037	2.7047	2.7056	2.7065	2.7074	2.7084	2.7093	2.7102	1	2	3	4	5	6	7	7	8
2.52	252	2.7112	2.7121	2.7130	2.7140	2.7149	2.7158	2.7167	2.7177	2.7186	2.7195	1	2	3	4	5	6	7	7	8
2.53	253	2.7205	2.7214	2.7223	2.7232	2.7242	2.7251	2.7260	2.7270	2.7279	2.7288	1	2	3	4	5	6	7	7	8
2.54	254	2.7298	2.7307	2.7316	2.7326	2.7335	2.7344	2.7353	2.7363	2.7372	2.7381	1	2	3	4	5	6	7	7	8
2.55	255	2.7391	2.7400	2.7409	2.7419	2.7428	2.7437	2.7447	2.7456	2.7465	2.7474	1	2	3	4	5	6	7	7	8
2.56	256	2.7484	2.7493	2.7502	2.7512	2.7521	2.7530	2.7540	2.7549	2.7558	2.7568	1	2	3	4	5	6	7	7	8
2.57	257	2.7577	2.7586	2.7596	2.7605	2.7614	2.7624	2.7633	2.7642	2.7652	2.7661	1	2	3	4	5	6	7	7	8
2.58	258	2.7670	2.7680	2.7689	2.7698	2.7708	2.7717	2.7726	2.7735	2.7745	2.7754	1	2	3	4	5	6	7	7	8
2.59	259	2.7763	2.7773	2.7782	2.7791	2.7801	2.7810	2.7819	2.7829	2.7838	2.7847	1	2	3	4	5	6	7	7	8
2.60	260	2.7857	2.7866	2.7875	2.7885	2.7894	2.7903	2.7913	2.7922	2.7931	2.7941	1	2	3	4	5	6	7	7	8

坡度 小数	%	0	1	2	3	4	5	6	7	8	9	1	2	3	4	5	6	7	8	9
2.61	261	2.7950	2.7959	2.7969	2.7978	2.7987	2.7997	2.8006	2.8016	2.8025	2.8034	1	2	3	4	5	6	7	7	8
2.62	262	2.8044	2.8053	2.8062	2.8072	2.8081	2.8090	2.8100	2.8109	2.8118	2.8128	1	2	3	4	5	6	7	7	8
2.63	263	2.8137	2.8146	2.8156	2.8165	2.8174	2.8184	2.8193	2.8202	2.8212	2.8221	1	2	3	4	5	6	7	7	8
2.64	264	2.8230	2.8240	2.8249	2.8259	2.8268	2.8277	2.8287	2.8296	2.8305	2.8315	1	2	3	4	5	6	7	7	8
2.65	265	2.8324	2.8333	2.8343	2.8352	2.8361	2.8371	2.8380	2.8390	2.8399	2.8408	1	2	3	4	5	6	7	7	8
2.66	266	2.8418	2.8427	2.8436	2.8446	2.8455	2.8464	2.8474	2.8483	2.8492	2.8502	1	2	3	4	5	6	7	7	8
2.67	267	2.8511	2.8521	2.8530	2.8539	2.8549	2.8558	2.8567	2.8577	2.8586	2.8596	1	2	3	4	5	6	7	7	8
2.68	268	2.8605	2.8614	2.8624	2.8633	2.8642	2.8652	2.8661	2.8670	2.8680	2.8689	1	2	3	4	5	6	7	8	8
2.69	269	2.8699	2.8708	2.8717	2.8727	2.8736	2.8745	2.8755	2.8764	2.8774	2.8783	1	2	3	4	5	6	7	8	8
2.70	270	2.8792	2.8802	2.8811	2.8820	2.8830	2.8839	2.8849	2.8858	2.8867	2.8877	1	2	3	4	5	6	7	8	8
2.71	271	2.8886	2.8896	2.8905	2.8914	2.8924	2.8933	2.8942	2.8952	2.8961	2.8971	1	2	3	4	5	6	7	8	8
2.72	272	2.8980	2.8989	2.8999	2.9008	2.9018	2.9027	2.9036	2.9046	2.9055	2.9064	1	2	3	4	5	6	7	8	8
2.73	273	2.9074	2.9083	2.9093	2.9102	2.9111	2.9121	2.9130	2.9140	2.9149	2.9158	1	2	3	4	5	6	7	8	8
2.74	274	2.9168	2.9177	2.9187	2.9196	2.9205	2.9215	2.9224	2.9234	2.9243	2.9252	1	2	3	4	5	6	7	8	8
2.75	275	2.9262	2.9271	2.9281	2.9290	2.9299	2.9309	2.9318	2.9328	2.9337	2.9346	1	2	3	4	5	6	7	8	8
2.76	276	2.9356	2.9365	2.9375	2.9384	2.9393	2.9403	2.9412	2.9422	2.9431	2.9440	1	2	3	4	5	6	7	8	8
2.77	277	2.9450	2.9459	2.9469	2.9478	2.9487	2.9497	2.9506	2.9516	2.9525	2.9534	1	2	3	4	5	6	7	8	8
2.78	278	2.9544	2.9553	2.9563	2.9572	2.9582	2.9591	2.9600	2.9610	2.9619	2.9629	1	2	3	4	5	6	7	8	8
2.79	279	2.9638	2.9647	2.9657	2.9666	2.9676	2.9685	2.9694	2.9704	2.9713	2.9723	1	2	3	4	5	6	7	8	8
2.80	280	2.9732	2.9742	2.9751	2.9760	2.9770	2.9779	2.9789	2.9798	2.9807	2.9817	1	2	3	4	5	6	7	8	8

坡度 小数	%	0	1	2	3	4	5	6	7	8	9	1	2	3	4	5	6	7	8	9
2.81	281	2.9826	2.9836	2.9845	2.9855	2.9864	2.9873	2.9883	2.9892	2.9902	2.9911	1	2	3	4	5	6	7	8	8
2.82	282	2.9921	2.9930	2.9939	2.9949	2.9958	2.9968	2.9977	2.9987	2.9996	3.0005	1	2	3	4	5	6	7	8	8
2.83	283	3.0015	3.0024	3.0034	3.0043	3.0053	3.0062	3.0071	3.0081	3.0090	3.0100	1	2	3	4	5	6	7	8	8
2.84	284	3.0109	3.0119	3.0128	3.0137	3.0147	3.0156	3.0166	3.0175	3.0185	3.0194	1	2	3	4	5	6	7	8	8
2.85	285	3.0203	3.0213	3.0222	3.0232	3.0241	3.0251	3.0260	3.0270	3.0279	3.0288	1	2	3	4	5	6	7	8	8
2.86	286	3.0298	3.0307	3.0317	3.0326	3.0336	3.0345	3.0354	3.0364	3.0373	3.0383	1	2	3	4	5	6	7	8	8
2.87	287	3.0392	3.0402	3.0411	3.0421	3.0430	3.0439	3.0449	3.0458	3.0468	3.0477	1	2	3	4	5	6	7	8	9
2.88	288	3.0487	3.0496	3.0506	3.0515	3.0525	3.0534	3.0543	3.0553	3.0562	3.0572	1	2	3	4	5	6	7	8	9
2.89	289	3.0581	3.0591	3.0600	3.0610	3.0619	3.0628	3.0638	3.0647	3.0657	3.0666	1	2	3	4	5	6	7	8	9
2.90	290	3.0676	3.0685	3.0695	3.0704	3.0714	3.0723	3.0732	3.0742	3.0751	3.0761	1	2	3	4	5	6	7	8	9
2.91	291	3.0770	3.0780	3.0789	3.0799	3.0808	3.0818	3.0827	3.0836	3.0846	3.0855	1	2	3	4	5	6	7	8	9
2.92	292	3.0865	3.0874	3.0884	3.0893	3.0903	3.0912	3.0922	3.0931	3.0941	3.0950	1	2	3	4	5	6	7	8	9
2.93	293	3.0959	3.0969	3.0978	3.0988	3.0997	3.1007	3.1016	3.1026	3.1035	3.1045	1	2	3	4	5	6	7	8	9
2.94	294	3.1054	3.1064	3.1073	3.1083	3.1092	3.1101	3.1111	3.1120	3.1130	3.1139	1	2	3	4	5	6	7	8	9
2.95	295	3.1149	3.1158	3.1168	3.1177	3.1187	3.1196	3.1206	3.1215	3.1225	3.1234	1	2	3	4	5	6	7	8	9
2.96	296	3.1244	3.1253	3.1263	3.1272	3.1281	3.1291	3.1300	3.1310	3.1319	3.1329	1	2	3	4	5	6	7	8	9
2.97	297	3.1338	3.1348	3.1357	3.1367	3.1376	3.1386	3.1395	3.1405	3.1414	3.1424	1	2	3	4	5	6	7	8	9
2.98	298	3.1433	3.1443	3.1452	3.1462	3.1471	3.1481	3.1490	3.1499	3.1509	3.1518	1	2	3	4	5	6	7	8	9
2.99	299	3.1528	3.1537	3.1547	3.1556	3.1566	3.1575	3.1585	3.1594	3.1604	3.1613	1	2	3	4	5	6	7	8	9
3.00	300	3.1623	3.1632	3.1642	3.1651	3.1661	3.1670	3.1680	3.1689	3.1699	3.1708	1	2	3	4	5	6	7	8	9

表四 正多边形用表

分块数	分块系数	拱高系数	分块交角 度数	分块交角 坡度/%	分块互角 度数	分块互角 坡度/%
3	0.8660	0.2500	30° 00′00.00″	173.21	120° 00′00.00″	57.74
4	0.7071	0.1464	45° 00′00.00″	100.00	90° 00′00.00″	0.00
5	0.5878	0.0955	54° 00′00.00″	72.65	72° 00′00.00″	32.49
6	0.5000	0.0670	60° 00′00.00″	57.74	60° 00′00.00″	57.74
7	0.4339	0.0495	64° 17′08.57″	48.16	51° 25′42.86″	79.75
8	0.3827	0.0381	67° 30′00.00″	41.42	45° 00′00.00″	100.00
9	0.3420	0.0302	70° 00′00.00″	36.40	40° 00′00.00″	119.18
10	0.3090	0.0245	72° 00′00.00″	32.49	36° 00′00.00″	137.64
11	0.2817	0.0203	73° 38′10.91″	29.36	32° 43′38.18″	155.60
12	0.2588	0.0170	75° 00′00.00″	26.79	30° 00′00.00″	173.21
13	0.2393	0.0145	76° 09′13.85″	24.65	27° 41′32.31″	190.53
14	0.2225	0.0125	77° 08′34.29″	22.82	25° 42′51.43″	207.65
15	0.2079	0.0109	78° 00′00.00″	21.26	24° 00′00.00″	224.60
16	0.1951	0.0096	78° 45′00.00″	19.89	22° 30′00.00″	241.42
17	0.1837	0.0085	79° 24′42.35″	18.69	21° 10′35.29″	258.13
18	0.1736	0.0076	80° 00′00.00″	17.63	20° 00′00.00″	274.75
19	0.1646	0.0068	80° 31′34.74″	16.69	18° 56′50.53″	291.29
20	0.1564	0.0062	81° 00′00.00″	15.84	18° 00′00.00″	307.77
21	0.1490	0.0056	81° 25′42.86″	15.07	17° 08′34.29″	324.19
22	0.1423	0.0051	81° 49′05.45″	14.38	16° 21′49.09″	340.57
23	0.1362	0.0047	82° 10′26.09″	13.74	15° 39′07.83″	356.90
24	0.1305	0.0043	82° 30′00.00″	13.17	15° 00′00.00″	373.21
25	0.1253	0.0039	82° 48′00.00″	12.63	14° 24′00.00″	389.47
26	0.1205	0.0036	83° 04′36.92″	12.14	13° 50′46.15″	405.72
27	0.1161	0.0034	83° 20′00.00″	11.69	13° 20′00.00″	421.93
28	0.1120	0.0031	83° 34′17.14″	11.27	12° 51′25.71″	438.13
29	0.1081	0.0029	83° 47′35.17″	10.88	12° 24′49.66″	454.30
30	0.1045	0.0027	84° 00′00.00″	10.51	12° 00′00.00″	470.46
31	0.1012	0.0026	84° 11′36.77″	10.17	11° 36′46.45″	486.61
32	0.0980	0.0024	84° 22′30.00″	9.85	11° 15′00.00″	502.73
33	0.0951	0.0023	84° 32′43.64″	9.55	10° 54′32.73″	518.85
34	0.0923	0.0021	84° 42′21.18″	9.27	10° 35′17.65″	534.95
35	0.0896	0.0020	84° 51′25.71″	9.00	10° 17′08.57″	551.05
36	0.0872	0.0019	85° 00′00.00″	8.75	10° 00′00.00″	567.13
37	0.0848	0.0018	85° 08′06.49″	8.51	9° 43′47.03″	583.20

分块数	分块系数	拱高系数	分块交角		分块互角	
			度数	坡度/%	度数	坡度/%
38	0.0826	0.0017	85°15′47.37″	8.29	9°28′25.26″	599.27
39	0.0805	0.0016	85°23′04.62″	8.07	9°13′50.77″	615.32
40	0.0785	0.0015	85°30′00.00″	7.87	9°00′00.00″	631.38
41	0.0765	0.0015	85°36′35.12″	7.68	8°46′49.76″	647.42
42	0.0747	0.0014	85°42′51.43″	7.49	8°34′17.14″	663.46
43	0.0730	0.0013	85°48′50.23″	7.32	8°22′19.53″	679.49
44	0.0713	0.0013	85°54′32.73″	7.15	8°10′54.55″	695.52
45	0.0698	0.0012	86°00′00.00″	6.99	8°00′00.00″	711.54
46	0.0682	0.0012	86°05′13.04″	6.84	7°49′33.91″	727.55
47	0.0668	0.0011	86°10′12.77″	6.69	7°39′34.47″	743.57
48	0.0654	0.0011	86°15′00.00″	6.55	7°30′00.00″	759.58
49	0.0641	0.0010	86°19′35.51″	6.42	7°20′48.98″	775.58
50	0.0628	0.0010	86°24′00.00″	6.29	7°12′00.00″	791.58
51	0.0616	0.0009	86°28′14.12″	6.17	7°03′31.76″	807.58
52	0.0604	0.0009	86°32′18.46″	6.05	6°55′23.08″	823.57
53	0.0592	0.0009	86°36′13.58″	5.93	6°47′32.83″	839.57
54	0.0581	0.0008	86°40′00.00″	5.82	6°40′00.00″	855.55
55	0.0571	0.0008	86°43′38.18″	5.72	6°32′43.64″	871.54
56	0.0561	0.0008	86°47′08.57″	5.62	6°25′42.86″	887.52
57	0.0551	0.0008	86°50′31.58″	5.52	6°18′56.84″	903.51
58	0.0541	0.0007	86°53′47.59″	5.42	6°12′24.83″	919.48
59	0.0532	0.0007	86°56′56.95″	5.33	6°06′06.10″	935.46
60	0.0523	0.0007	87°00′00.00″	5.24	6°00′00.00″	951.44
61	0.0515	0.0007	87°02′57.05″	5.15	5°54′05.90″	967.41
62	0.0506	0.0006	87°05′48.39″	5.07	5°48′23.23″	983.38
63	0.0498	0.0006	87°08′34.29″	4.99	5°42′51.43″	999.35
64	0.0491	0.0006	87°11′15.00″	4.91	5°37′30.00″	1015.32
65	0.0483	0.0006	87°13′50.77″	4.84	5°32′18.46″	1031.28
66	0.0476	0.0006	87°16′21.82″	4.76	5°27′16.36″	1047.25
67	0.0469	0.0005	87°18′48.36″	4.69	5°22′23.28″	1063.21
68	0.0462	0.0005	87°21′10.59″	4.62	5°17′38.82″	1079.17
69	0.0455	0.0005	87°23′28.70″	4.56	5°13′02.61″	1095.13
70	0.0449	0.0005	87°25′42.86″	4.49	5°08′34.29″	1111.09
71	0.0442	0.0005	87°27′53.24″	4.43	5°04′13.52″	1127.05
72	0.0436	0.0005	87°30′00.00″	4.37	5°00′00.00″	1143.01
73	0.0430	0.0005	87°32′03.29″	4.31	4°55′53.42″	1158.96

分块数	分块系数	拱高系数	分块交角		分块互角	
			度数	坡度/%	度数	坡度/%
74	0.0424	0.0005	87° 34′03.24″	4.25	4° 51′53.51″	1174.91
75	0.0419	0.0004	87° 36′00.00″	4.19	4° 48′00.00″	1190.87
76	0.0413	0.0004	87° 37′53.68″	4.14	4° 44′12.63″	1206.82
77	0.0408	0.0004	87° 39′44.42″	4.08	4° 40′31.17″	1222.77
78	0.0403	0.0004	87° 41′32.31″	4.03	4° 36′55.38″	1238.72
79	0.0398	0.0004	87° 43′17.47″	3.98	4° 33′25.06″	1254.67
80	0.0393	0.0004	87° 45′00.00″	3.93	4° 30′00.00″	1270.62
81	0.0388	0.0004	87° 46′40.00″	3.88	4° 26′40.00″	1286.57
82	0.0383	0.0004	87° 48′17.56″	3.83	4° 23′24.88″	1302.52
83	0.0378	0.0004	87° 49′52.77″	3.79	4° 20′14.46″	1318.46
84	0.0374	0.0003	87° 51′25.71″	3.74	4° 17′08.57″	1334.41
85	0.0370	0.0003	87° 52′56.47″	3.70	4° 14′07.06″	1350.35
86	0.0365	0.0003	87° 54′25.12″	3.65	4° 11′09.77″	1366.30
87	0.0361	0.0003	87° 55′51.72″	3.61	4° 08′16.55″	1382.24
88	0.0357	0.0003	87° 57′16.36″	3.57	4° 05′27.27″	1398.18
89	0.0353	0.0003	87° 58′39.10″	3.53	4° 02′41.80″	1414.12
90	0.0349	0.0003	88° 00′00.00″	3.49	4° 00′00.00″	1430.07
91	0.0345	0.0003	88° 01′19.12″	3.45	3° 57′21.76″	1446.01
92	0.0341	0.0003	88° 02′36.52″	3.42	3° 54′46.96″	1461.95
93	0.0338	0.0003	88° 03′52.26″	3.38	3° 52′15.48″	1477.89
94	0.0334	0.0003	88° 05′06.38″	3.34	3° 49′47.23″	1493.83
95	0.0331	0.0003	88° 06′18.95″	3.31	3° 47′22.11″	1509.77
96	0.0327	0.0003	88° 07′30.00″	3.27	3° 45′00.00″	1525.71
97	0.0324	0.0003	88° 08′39.59″	3.24	3° 42′40.82″	1541.64
98	0.0321	0.0003	88° 09′47.76″	3.21	3° 40′24.49″	1557.58
99	0.0317	0.0003	88° 10′54.55″	3.17	3° 38′10.91″	1573.52
100	0.0314	0.0002	88° 12′00.00″	3.14	3° 36′00.00″	1589.45

表五　圆弧半径系数表

拱弦比/%	圆弧半径系数	拱弦比/%	圆弧半径系数	拱弦比/%	圆弧半径系数	拱弦比/%	圆弧半径系数
1	50.0050	26	2.0531	51	1.2354	76	1.0379
2	25.0100	27	1.9869	52	1.2215	77	1.0344
3	16.6817	28	1.9257	53	1.2084	78	1.0310
4	12.5200	29	1.8691	54	1.1959	79	1.0279
5	10.0250	30	1.8167	55	1.1841	80	1.0250
6	8.3633	31	1.7679	56	1.1729	81	1.0223
7	7.1779	32	1.7225	57	1.1622	82	1.0198
8	6.2900	33	1.6802	58	1.1521	83	1.0174
9	5.6006	34	1.6406	59	1.1425	84	1.0152
10	5.0500	35	1.6036	60	1.1333	85	1.0132
11	4.6005	36	1.5689	61	1.1247	86	1.0114
12	4.2267	37	1.5364	62	1.1165	87	1.0097
13	3.9112	38	1.5058	63	1.1087	88	1.0082
14	3.6414	39	1.4771	64	1.1013	89	1.0068
15	3.4083	40	1.4500	65	1.0942	90	1.0056
16	3.2050	41	1.4245	66	1.0876	91	1.0045
17	3.0262	42	1.4005	67	1.0813	92	1.0035
18	2.8678	43	1.3778	68	1.0753	93	1.0026
19	2.7266	44	1.3564	69	1.0696	94	1.0019
20	2.6000	45	1.3361	70	1.0643	95	1.0013
21	2.4860	46	1.3170	71	1.0592	96	1.0008
22	2.3827	47	1.2988	72	1.0544	97	1.0005
23	2.2889	48	1.2817	73	1.0499	98	1.0002
24	2.2033	49	1.2654	74	1.0457	99	1.0001
25	2.1250	50	1.2500	75	1.0417	100	1.0000

表六　圆弧拱高系数表

弦径比		拱高系数/%								
%	小数	0	1	2	3	4	5	6	7	8
0	0.00	0.0000	0.0001	0.0002	0.0005	0.0008	0.0013	0.0018	0.0025	0.0032
1	0.01	0.0050	0.0061	0.0072	0.0085	0.0098	0.0113	0.0128	0.0145	0.0162
2	0.02	0.0200	0.0221	0.0242	0.0265	0.0288	0.0313	0.0338	0.0365	0.0392
3	0.03	0.0450	0.0481	0.0512	0.0545	0.0578	0.0613	0.0648	0.0685	0.0722
4	0.04	0.0800	0.0841	0.0882	0.0925	0.0968	0.1013	0.1059	0.1105	0.1153
5	0.05	0.1251	0.1301	0.1353	0.1405	0.1459	0.1514	0.1569	0.1626	0.1683
6	0.06	0.1802	0.1862	0.1924	0.1986	0.2050	0.2115	0.2180	0.2247	0.2315
7	0.07	0.2453	0.2524	0.2595	0.2668	0.2742	0.2816	0.2892	0.2969	0.3047
8	0.08	0.3205	0.3286	0.3368	0.3450	0.3534	0.3619	0.3705	0.3792	0.3880
9	0.09	0.4058	0.4149	0.4241	0.4334	0.4428	0.4523	0.4619	0.4716	0.4814
10	0.10	0.5013	0.5114	0.5216	0.5319	0.5423	0.5528	0.5634	0.5741	0.5849
11	0.11	0.6068	0.6180	0.6292	0.6405	0.6519	0.6635	0.6751	0.6868	0.6986
12	0.12	0.7226	0.7347	0.7470	0.7593	0.7718	0.7843	0.7970	0.8097	0.8226
13	0.13	0.8486	0.8618	0.8750	0.8884	0.9019	0.9154	0.9291	0.9429	0.9568
14	0.14	0.9848	0.9990	1.0133	1.0277	1.0422	1.0568	1.0715	1.0864	1.1013
15	0.15	1.1314	1.1466	1.1620	1.1774	1.1929	1.2086	1.2243	1.2401	1.2561
16	0.16	1.2883	1.3046	1.3209	1.3374	1.3540	1.3706	1.3874	1.4043	1.4213
17	0.17	1.4556	1.4729	1.4903	1.5078	1.5254	1.5432	1.5610	1.5789	1.5970
18	0.18	1.6333	1.6517	1.6701	1.6887	1.7074	1.7261	1.7450	1.7640	1.7831
19	0.19	1.8216	1.8410	1.8605	1.8801	1.8998	1.9197	1.9396	1.9597	1.9798
20	0.20	2.0204	2.0409	2.0614	2.0821	2.1029	2.1238	2.1448	2.1659	2.1871
21	0.21	2.2299	2.2514	2.2730	2.2948	2.3166	2.3386	2.3607	2.3828	2.4051
22	0.22	2.4500	2.4726	2.4953	2.5182	2.5411	2.5641	2.5873	2.6105	2.6339
23	0.23	2.6809	2.7046	2.7284	2.7523	2.7763	2.8005	2.8247	2.8490	2.8735
24	0.24	2.9227	2.9475	2.9724	2.9974	3.0225	3.0477	3.0730	3.0985	3.1240
25	0.25	3.1754	3.2013	3.2273	3.2534	3.2796	3.3059	3.3323	3.3589	3.3855
26	0.26	3.4391	3.4661	3.4932	3.5204	3.5477	3.5752	3.6027	3.6303	3.6581
27	0.27	3.7140	3.7421	3.7703	3.7986	3.8270	3.8556	3.8842	3.9130	3.9419
28	0.28	4.0000	4.0292	4.0586	4.0880	4.1176	4.1472	4.1770	4.2069	4.2370
29	0.29	4.2973	4.3277	4.3582	4.3888	4.4195	4.4503	4.4812	4.5123	4.5434
30	0.30	4.6061	4.6376	4.6692	4.7009	4.7328	4.7648	4.7968	4.8290	4.8614
31	0.31	4.9263	4.9590	4.9918	5.0247	5.0577	5.0908	5.1241	5.1574	5.1909
32	0.32	5.2582	5.2921	5.3260	5.3601	5.3943	5.4286	5.4630	5.4976	5.5322
33	0.33	5.6019	5.6369	5.6721	5.7073	5.7427	5.7782	5.8138	5.8495	5.8854
34	0.34	5.9575	5.9937	6.0300	6.0665	6.1030	6.1397	6.1765	6.2135	6.2505
35	0.35	6.3250	6.3625	6.4000	6.4377	6.4755	6.5134	6.5514	6.5896	6.6278

	修正值/%								
9	1	2	3	4	5	6	7	8	9
0.0041	0.0001	0.0002	0.0003	0.0004	0.0005	0.0006	0.0007	0.0008	0.0009
0.0181	0.0002	0.0004	0.0006	0.0008	0.0010	0.0012	0.0014	0.0016	0.0018
0.0421	0.0003	0.0006	0.0009	0.0012	0.0015	0.0018	0.0021	0.0024	0.0027
0.0761	0.0004	0.0008	0.0012	0.0016	0.0020	0.0024	0.0028	0.0032	0.0036
0.1201	0.0005	0.0010	0.0015	0.0020	0.0025	0.0030	0.0035	0.0040	0.0045
0.1742	0.0006	0.0012	0.0018	0.0024	0.0030	0.0036	0.0042	0.0048	0.0054
0.2383	0.0007	0.0014	0.0021	0.0028	0.0035	0.0042	0.0049	0.0056	0.0063
0.3125	0.0008	0.0016	0.0024	0.0032	0.0040	0.0048	0.0056	0.0064	0.0072
0.3968	0.0009	0.0018	0.0027	0.0036	0.0045	0.0054	0.0063	0.0072	0.0081
0.4913	0.0010	0.0020	0.0030	0.0040	0.0050	0.0060	0.0070	0.0080	0.0090
0.5958	0.0011	0.0022	0.0033	0.0044	0.0055	0.0066	0.0077	0.0088	0.0099
0.7106	0.0012	0.0024	0.0036	0.0048	0.0060	0.0072	0.0084	0.0096	0.0108
0.8355	0.0013	0.0026	0.0039	0.0052	0.0065	0.0078	0.0091	0.0104	0.0117
0.9708	0.0014	0.0028	0.0042	0.0056	0.0070	0.0084	0.0099	0.0113	0.0127
1.1163	0.0015	0.0030	0.0045	0.0060	0.0075	0.0091	0.0106	0.0121	0.0136
1.2721	0.0016	0.0032	0.0048	0.0065	0.0081	0.0097	0.0113	0.0129	0.0145
1.4384	0.0017	0.0034	0.0051	0.0069	0.0086	0.0103	0.0120	0.0138	0.0155
1.6151	0.0018	0.0036	0.0055	0.0073	0.0091	0.0109	0.0128	0.0146	0.0164
1.8023	0.0019	0.0039	0.0058	0.0077	0.0096	0.0116	0.0135	0.0154	0.0174
2.0001	0.0020	0.0041	0.0061	0.0081	0.0102	0.0122	0.0142	0.0163	0.0183
2.2084	0.0021	0.0043	0.0064	0.0086	0.0107	0.0128	0.0150	0.0171	0.0193
2.4275	0.0022	0.0045	0.0067	0.0090	0.0112	0.0135	0.0157	0.0180	0.0202
2.6574	0.0024	0.0047	0.0071	0.0094	0.0118	0.0141	0.0165	0.0189	0.0212
2.8980	0.0025	0.0049	0.0074	0.0099	0.0123	0.0148	0.0173	0.0197	0.0222
3.1497	0.0026	0.0051	0.0077	0.0103	0.0129	0.0154	0.0180	0.0206	0.0232
3.4123	0.0027	0.0054	0.0080	0.0107	0.0134	0.0161	0.0188	0.0215	0.0242
3.6860	0.0028	0.0056	0.0084	0.0112	0.0140	0.0168	0.0196	0.0224	0.0252
3.9709	0.0029	0.0058	0.0087	0.0116	0.0145	0.0175	0.0204	0.0233	0.0262
4.2671	0.0030	0.0060	0.0091	0.0121	0.0151	0.0181	0.0212	0.0242	0.0272
4.5747	0.0031	0.0063	0.0094	0.0125	0.0157	0.0188	0.0220	0.0251	0.0282
4.8938	0.0032	0.0065	0.0098	0.0130	0.0163	0.0195	0.0228	0.0260	0.0293
5.2245	0.0034	0.0067	0.0101	0.0135	0.0168	0.0202	0.0236	0.0270	0.0303
5.5670	0.0035	0.0070	0.0105	0.0139	0.0174	0.0209	0.0244	0.0279	0.0314
5.9214	0.0036	0.0072	0.0108	0.0144	0.0180	0.0216	0.0253	0.0289	0.0325
6.2877	0.0037	0.0075	0.0112	0.0149	0.0186	0.0224	0.0261	0.0298	0.0336
6.6662	0.0038	0.0077	0.0115	0.0154	0.0192	0.0231	0.0270	0.0308	0.0347

弦径比		拱高系数/%								
%	小数	0	1	2	3	4	5	6	7	8
36	0.36	6.7048	6.7434	6.7822	6.8211	6.8601	6.8992	6.9385	6.9779	7.0174
37	0.37	7.0968	7.1367	7.1767	7.2169	7.2571	7.2975	7.3380	7.3787	7.4194
38	0.38	7.5014	7.5425	7.5838	7.6252	7.6667	7.7083	7.7501	7.7920	7.8341
39	0.39	7.9185	7.9609	8.0035	8.0462	8.0890	8.1319	8.1749	8.2181	8.2615
40	0.40	8.3485	8.3922	8.4360	8.4800	8.5241	8.5683	8.6127	8.6572	8.7018
41	0.41	8.7914	8.8365	8.8816	8.9269	8.9723	9.0179	9.0635	9.1094	9.1553
42	0.42	9.2476	9.2939	9.3404	9.3870	9.4338	9.4807	9.5277	9.5748	9.6221
43	0.43	9.7171	9.7648	9.8126	9.8606	9.9087	9.9570	10.0053	10.0538	10.1025
44	0.44	10.2002	10.2493	10.2985	10.3478	10.3973	10.4469	10.4967	10.5466	10.5966
45	0.45	10.6971	10.7476	10.7982	10.8489	10.8998	10.9509	11.0020	11.0533	11.1048
46	0.46	11.2081	11.2600	11.3120	11.3642	11.4165	11.4689	11.5215	11.5743	11.6272
47	0.47	11.7334	11.7867	11.8401	11.8938	11.9475	12.0014	12.0555	12.1097	12.1640
48	0.48	12.2732	12.3279	12.3829	12.4380	12.4932	12.5486	12.6041	12.6598	12.7156
49	0.49	12.8278	12.8840	12.9405	12.9971	13.0538	13.1107	13.1677	13.2249	13.2823
50	0.50	13.3975	13.4553	13.5132	13.5714	13.6296	13.6881	13.7467	13.8054	13.8643
51	0.51	13.9826	14.0419	14.1015	14.1611	14.2210	14.2810	14.3411	14.4015	14.4619
52	0.52	14.5834	14.6443	14.7055	14.7667	14.8282	14.8898	14.9515	15.0135	15.0756
53	0.53	15.2002	15.2628	15.3256	15.3885	15.4516	15.5148	15.5782	15.6418	15.7055
54	0.54	15.8335	15.8977	15.9622	16.0267	16.0915	16.1564	16.2215	16.2867	16.3522
55	0.55	16.4835	16.5495	16.6156	16.6819	16.7483	16.8150	16.8818	16.9488	17.0159
56	0.56	17.1507	17.2184	17.2863	17.3543	17.4225	17.4909	17.5595	17.6282	17.6971
57	0.57	17.8355	17.9050	17.9746	18.0445	18.1145	18.1847	18.2550	18.3256	18.3963
58	0.58	18.5384	18.6096	18.6811	18.7528	18.8246	18.8967	18.9689	19.0413	19.1139
59	0.59	19.2597	19.3328	19.4062	19.4798	19.5535	19.6274	19.7016	19.7759	19.8504
60	0.60	20.0000	20.0751	20.1504	20.2259	20.3016	20.3775	20.4535	20.5298	20.6063
61	0.61	20.7599	20.8369	20.9142	20.9917	21.0694	21.1473	21.2254	21.3037	21.3822
62	0.62	21.5398	21.6189	21.6983	21.7778	21.8576	21.9375	22.0177	22.0981	22.1787
63	0.63	22.3405	22.4217	22.5032	22.5848	22.6667	22.7488	22.8311	22.9136	22.9964
64	0.64	23.1625	23.2459	23.3295	23.4134	23.4975	23.5817	23.6663	23.7510	23.8360
65	0.65	24.0066	24.0922	24.1781	24.2642	24.3505	24.4371	24.5239	24.6109	24.6982
66	0.66	24.8734	24.9614	25.0496	25.1381	25.2267	25.3157	25.4048	25.4942	25.5839
67	0.67	25.7639	25.8543	25.9449	26.0358	26.1269	26.2182	26.3098	26.4017	26.4938
68	0.68	26.6788	26.7717	26.8648	26.9582	27.0518	27.1457	27.2398	27.3343	27.4289
69	0.69	27.6191	27.7145	27.8103	27.9062	28.0025	28.0990	28.1958	28.2929	28.3902
70	0.70	28.5857	28.6839	28.7823	28.8810	28.9800	29.0793	29.1788	29.2786	29.3788
71	0.71	29.5798	29.6808	29.7821	29.8836	29.9854	30.0876	30.1900	30.2927	30.3957
72	0.72	30.6026	30.7065	30.8107	30.9152	31.0200	31.1251	31.2305	31.3363	31.4423

9	修正值/%								
	1	2	3	4	5	6	7	8	9
7.0571	0.0040	0.0079	0.0119	0.0159	0.0199	0.0238	0.0278	0.0318	0.0358
7.4603	0.0041	0.0082	0.0123	0.0164	0.0205	0.0246	0.0287	0.0328	0.0369
7.8762	0.0042	0.0084	0.0127	0.0169	0.0211	0.0254	0.0296	0.0338	0.0381
8.3049	0.0044	0.0087	0.0131	0.0174	0.0218	0.0261	0.0305	0.0349	0.0392
8.7466	0.0045	0.0090	0.0135	0.0179	0.0224	0.0269	0.0314	0.0359	0.0404
9.2014	0.0046	0.0092	0.0138	0.0185	0.0231	0.0277	0.0323	0.0370	0.0416
9.6696	0.0047	0.0095	0.0143	0.0190	0.0238	0.0285	0.0333	0.0380	0.0428
10.1513	0.0049	0.0098	0.0147	0.0196	0.0244	0.0293	0.0342	0.0391	0.0440
10.6468	0.0050	0.0101	0.0151	0.0201	0.0251	0.0302	0.0352	0.0402	0.0453
11.1564	0.0052	0.0103	0.0155	0.0207	0.0258	0.0310	0.0362	0.0414	0.0466
11.6802	0.0053	0.0106	0.0159	0.0213	0.0266	0.0319	0.0372	0.0425	0.0479
12.2185	0.0055	0.0109	0.0164	0.0218	0.0273	0.0328	0.0382	0.0437	0.0492
12.7716	0.0056	0.0112	0.0168	0.0224	0.0280	0.0337	0.0393	0.0449	0.0505
13.3398	0.0058	0.0115	0.0173	0.0230	0.0288	0.0346	0.0403	0.0461	0.0519
13.9233	0.0059	0.0118	0.0177	0.0237	0.0296	0.0355	0.0414	0.0474	0.0533
14.5226	0.0061	0.0121	0.0182	0.0243	0.0304	0.0365	0.0425	0.0486	0.0547
15.1378	0.0062	0.0125	0.0187	0.0249	0.0312	0.0374	0.0437	0.0499	0.0562
15.7694	0.0064	0.0128	0.0192	0.0256	0.0320	0.0384	0.0448	0.0512	0.0577
16.4178	0.0066	0.0131	0.0197	0.0263	0.0329	0.0394	0.0460	0.0526	0.0592
17.0832	0.0067	0.0135	0.0202	0.0270	0.0337	0.0405	0.0472	0.0540	0.0607
17.7662	0.0069	0.0138	0.0208	0.0277	0.0346	0.0415	0.0485	0.0554	0.0623
18.4672	0.0071	0.0142	0.0213	0.0284	0.0355	0.0426	0.0498	0.0569	0.0640
19.1867	0.0073	0.0146	0.0219	0.0292	0.0365	0.0438	0.0511	0.0584	0.0657
19.9251	0.0075	0.0150	0.0225	0.0299	0.0374	0.0449	0.0524	0.0599	0.0674
20.6830	0.0077	0.0154	0.0230	0.0307	0.0384	0.0461	0.0538	0.0615	0.0692
21.4609	0.0079	0.0158	0.0237	0.0315	0.0394	0.0473	0.0552	0.0631	0.0710
22.2595	0.0081	0.0162	0.0243	0.0324	0.0405	0.0486	0.0567	0.0648	0.0729
23.0793	0.0083	0.0166	0.0249	0.0332	0.0416	0.0499	0.0582	0.0665	0.0749
23.9212	0.0085	0.0171	0.0256	0.0341	0.0427	0.0512	0.0598	0.0683	0.0769
24.7857	0.0088	0.0175	0.0263	0.0351	0.0438	0.0526	0.0614	0.0702	0.0789
25.6738	0.0090	0.0180	0.0270	0.0360	0.0450	0.0540	0.0631	0.0721	0.0811
26.5862	0.0093	0.0185	0.0278	0.0370	0.0463	0.0555	0.0648	0.0741	0.0833
27.5239	0.0095	0.0190	0.0285	0.0380	0.0476	0.0571	0.0666	0.0761	0.0857
28.4878	0.0098	0.0196	0.0293	0.0391	0.0489	0.0587	0.0685	0.0783	0.0881
29.4792	0.0101	0.0201	0.0302	0.0402	0.0503	0.0604	0.0704	0.0805	0.0906
30.4990	0.0103	0.0207	0.0310	0.0414	0.0518	0.0621	0.0725	0.0829	0.0932
31.5486	0.0107	0.0213	0.0320	0.0426	0.0533	0.0640	0.0746	0.0853	0.0960

弦径比		拱高系数/%								
%	小数	0	1	2	3	4	5	6	7	8
73	0.73	31.6553	31.7623	31.8695	31.9771	32.0851	32.1933	32.3018	32.4107	32.5199
74	0.74	32.7393	32.8495	32.9600	33.0709	33.1820	33.2936	33.4054	33.5176	33.6301
75	0.75	33.8562	33.9698	34.0837	34.1979	34.3126	34.4275	34.5428	34.6585	34.7745
76	0.76	35.0077	35.1248	35.2423	35.3602	35.4784	35.5970	35.7159	35.8353	35.9550
77	0.77	36.1956	36.3165	36.4377	36.5594	36.6814	36.8039	36.9267	37.0499	37.1736
78	0.78	37.4220	37.5469	37.6722	37.7978	37.9239	38.0504	38.1774	38.3047	38.4325
79	0.79	38.6893	38.8184	38.9479	39.0778	39.2082	39.3391	39.4703	39.6021	39.7343
80	0.80	40.0000	40.1336	40.2676	40.4021	40.5371	40.6725	40.8084	40.9449	41.0818
81	0.81	41.3570	41.4954	41.6343	41.7736	41.9135	42.0539	42.1948	42.3362	42.4782
82	0.82	42.7636	42.9072	43.0513	43.1959	43.3410	43.4867	43.6330	43.7798	43.9272
83	0.83	44.2237	44.3728	44.5224	44.6727	44.8236	44.9750	45.1271	45.2797	45.4330
84	0.84	45.7414	45.8965	46.0522	46.2086	46.3657	46.5234	46.6817	46.8407	47.0004
85	0.85	47.3217	47.4834	47.6458	47.8089	47.9727	48.1372	48.3024	48.4684	48.6350
86	0.86	48.9706	49.1395	49.3092	49.4796	49.6508	49.8228	49.9956	50.1692	50.3436
87	0.87	50.6948	50.8717	51.0494	51.2280	51.4074	51.5877	51.7689	51.9510	52.1339
88	0.88	52.5026	52.6884	52.8751	53.0627	53.2513	53.4409	53.6315	53.8231	54.0157
89	0.89	54.4039	54.5997	54.7965	54.9943	55.1933	55.3934	55.5946	55.7969	56.0005
90	0.90	56.4110	56.6181	56.8264	57.0359	57.2468	57.4588	57.6722	57.8869	58.1030
91	0.91	58.5392	58.7594	58.9810	59.2040	59.4286	59.6546	59.8822	60.1113	60.3420
92	0.92	60.8082	61.0437	61.2810	61.5200	61.7608	62.0033	62.2476	62.4939	62.7420
93	0.93	63.2440	63.4981	63.7542	64.0124	64.2727	64.5352	64.8000	65.0671	65.3365
94	0.94	65.8826	66.1593	66.4387	66.7207	67.0055	67.2930	67.5833	67.8766	68.1730
95	0.95	68.7750	69.0809	69.3902	69.7030	70.0193	70.3394	70.6633	70.9912	71.3232
96	0.96	72.0000	72.3452	72.6951	73.0499	73.4098	73.7750	74.1458	74.5224	74.9050
97	0.97	75.6895	76.0921	76.5019	76.9195	77.3452	77.7795	78.2229	78.6761	79.1395
98	0.98	80.1003	80.5992	81.1119	81.6394	82.1832	82.7446	83.3255	83.9280	84.5546
99	0.99	85.8933	86.6138	87.3762	88.1886	89.0620	90.0125	91.0647	92.2598	93.6786
100	1.00	100.0000								

9	修正值/%								
	1	2	3	4	5	6	7	8	9
32.6295	0.0110	0.0219	0.0329	0.0439	0.0549	0.0659	0.0769	0.0879	0.0989
33.7430	0.0113	0.0226	0.0339	0.0452	0.0566	0.0679	0.0792	0.0905	0.1019
34.8909	0.0117	0.0233	0.0350	0.0467	0.0583	0.0700	0.0817	0.0934	0.1051
36.0751	0.0120	0.0241	0.0361	0.0481	0.0602	0.0722	0.0843	0.0964	0.1084
37.2976	0.0124	0.0249	0.0373	0.0497	0.0622	0.0746	0.0871	0.0995	0.1120
38.5607	0.0128	0.0257	0.0385	0.0514	0.0643	0.0771	0.0900	0.1029	0.1158
39.8669	0.0133	0.0266	0.0399	0.0532	0.0665	0.0798	0.0931	0.1064	0.1198
41.2191	0.0138	0.0275	0.0413	0.0551	0.0689	0.0827	0.0965	0.1103	0.1241
42.6206	0.0143	0.0286	0.0428	0.0571	0.0714	0.0857	0.1000	0.1144	0.1287
44.0751	0.0148	0.0297	0.0445	0.0593	0.0742	0.0890	0.1039	0.1188	0.1336
45.5869	0.0154	0.0309	0.0463	0.0617	0.0772	0.0926	0.1081	0.1236	0.1390
47.1607	0.0161	0.0321	0.0482	0.0643	0.0804	0.0965	0.1126	0.1288	0.1449
48.8024	0.0168	0.0336	0.0504	0.0672	0.0840	0.1008	0.1176	0.1345	0.1513
50.5188	0.0176	0.0351	0.0527	0.0703	0.0879	0.1055	0.1231	0.1408	0.1584
52.3178	0.0184	0.0369	0.0553	0.0738	0.0923	0.1108	0.1293	0.1478	0.1663
54.2093	0.0194	0.0388	0.0583	0.0777	0.0972	0.1167	0.1362	0.1556	0.1752
56.2051	0.0205	0.0411	0.0616	0.0822	0.1028	0.1234	0.1440	0.1646	0.1852
58.3204	0.0218	0.0436	0.0655	0.0873	0.1092	0.1311	0.1530	0.1749	0.1968
60.5742	0.0233	0.0467	0.0700	0.0934	0.1168	0.1402	0.1636	0.1870	0.2105
62.9920	0.0251	0.0502	0.0754	0.1006	0.1258	0.1510	0.1762	0.2015	0.2267
65.6083	0.0273	0.0547	0.0820	0.1094	0.1368	0.1643	0.1917	0.2192	0.2467
68.4724	0.0301	0.0603	0.0904	0.1207	0.1509	0.1812	0.2115	0.2418	0.2722
71.6594	0.0339	0.0678	0.1017	0.1357	0.1697	0.2038	0.2380	0.2721	0.3063
75.2939	0.0393	0.0786	0.1180	0.1574	0.1969	0.2365	0.2762	0.3159	0.3557
79.6140	0.0481	0.0963	0.1446	0.1930	0.2416	0.2903	0.3391	0.3880	0.4371
85.2084	0.0670	0.1343	0.2020	0.2700	0.3383	0.4069	0.4759	0.5452	0.6148
95.5290	0.2293	0.4718	0.7300	1.0074	1.3091	1.6429	2.0217	2.4711	3.0568

表七 圆弧拱高坐标系数表

%	弦径比小数	拱高坐标系数/%									
		0号	1号	2号	3号	4号	5号	6号	7号	8号	9号
1	0.01	0.0050	0.0050	0.0048	0.0046	0.0042	0.0038	0.0032	0.0026	0.0018	0.0010
2	0.02	0.0200	0.0198	0.0192	0.0182	0.0168	0.0150	0.0128	0.0102	0.0072	0.0038
3	0.03	0.0450	0.0446	0.0432	0.0410	0.0378	0.0338	0.0288	0.0230	0.0162	0.0086
4	0.04	0.0800	0.0792	0.0768	0.0728	0.0672	0.0600	0.0512	0.0408	0.0288	0.0152
5	0.05	0.1251	0.1238	0.1201	0.1138	0.1051	0.0938	0.0801	0.0638	0.0450	0.0238
6	0.06	0.1802	0.1784	0.1730	0.1640	0.1514	0.1352	0.1153	0.0919	0.0649	0.0343
7	0.07	0.2453	0.2429	0.2355	0.2232	0.2061	0.1840	0.1571	0.1252	0.0884	0.0467
8	0.08	0.3205	0.3173	0.3077	0.2917	0.2693	0.2405	0.2052	0.1636	0.1155	0.0610
9	0.09	0.4058	0.4018	0.3896	0.3694	0.3410	0.3045	0.2599	0.2072	0.1463	0.0772
10	0.10	0.5013	0.4963	0.4813	0.4562	0.4212	0.3762	0.3211	0.2560	0.1807	0.0954
11	0.11	0.6068	0.6008	0.5826	0.5524	0.5100	0.4555	0.3888	0.3100	0.2189	0.1156
12	0.12	0.7226	0.7154	0.6938	0.6578	0.6073	0.5424	0.4631	0.3692	0.2607	0.1377
13	0.13	0.8486	0.8402	0.8148	0.7725	0.7133	0.6371	0.5439	0.4337	0.3063	0.1618
14	0.14	0.9848	0.9750	0.9456	0.8966	0.8279	0.7395	0.6314	0.5035	0.3557	0.1879
15	0.15	1.1314	1.1201	1.0864	1.0301	0.9512	0.8498	0.7256	0.5786	0.4088	0.2160
16	0.16	1.2883	1.2755	1.2371	1.1730	1.0833	0.9678	0.8264	0.6591	0.4657	0.2461
17	0.17	1.4556	1.4411	1.3978	1.3255	1.2241	1.0937	0.9340	0.7450	0.5265	0.2782
18	0.18	1.6333	1.6171	1.5685	1.4874	1.3738	1.2275	1.0484	0.8364	0.5911	0.3124
19	0.19	1.8216	1.8035	1.7494	1.6590	1.5324	1.3693	1.1697	0.9332	0.6596	0.3487
20	0.20	2.0204	2.0004	1.9404	1.8402	1.6999	1.5192	1.2978	1.0356	0.7321	0.3871
21	0.21	2.2299	2.2078	2.1416	2.0312	1.8764	1.6771	1.4329	1.1435	0.8086	0.4276

%	小数	0号	1号	2号	3号	4号	5号	6号	7号	8号	9号
弦径比		拱高坐标系数 /%									
22	0.22	2.4500	2.4258	2.3532	2.2320	2.0621	1.8432	1.5750	1.2571	0.8890	0.4702
23	0.23	2.6809	2.6545	2.5751	2.4426	2.2568	2.0175	1.7242	1.3764	0.9736	0.5150
24	0.24	2.9227	2.8939	2.8074	2.6632	2.4608	2.2001	1.8805	1.5014	1.0622	0.5620
25	0.25	3.1754	3.1442	3.0503	2.8938	2.6742	2.3911	2.0440	1.6323	1.1550	0.6113
26	0.26	3.4391	3.4053	3.3038	3.1345	2.8969	2.5905	2.2148	1.7690	1.2520	0.6628
27	0.27	3.7140	3.6775	3.5681	3.3854	3.1291	2.7985	2.3930	1.9117	1.3533	0.7166
28	0.28	4.0000	3.9608	3.8431	3.6466	3.3708	3.0152	2.5787	2.0604	1.4589	0.7727
29	0.29	4.2973	4.2553	4.1290	3.9182	3.6223	3.2405	2.7719	2.2152	1.5689	0.8312
30	0.30	4.6061	4.5611	4.4259	4.2003	3.8835	3.4747	2.9727	2.3762	1.6834	0.8921
31	0.31	4.9263	4.8783	4.7340	4.4930	4.1546	3.7178	3.1813	2.5435	1.8023	0.9555
32	0.32	5.2582	5.2070	5.0532	4.7964	4.4357	3.9699	3.3977	2.7172	1.9259	1.0213
33	0.33	5.6019	5.5474	5.3839	5.1107	4.7269	4.2313	3.6221	2.8973	2.0542	1.0897
34	0.34	5.9575	5.8996	5.7260	5.4359	5.0283	4.5019	3.8545	3.0840	2.1872	1.1606
35	0.35	6.3250	6.2638	6.0797	5.7723	5.3402	4.7819	4.0952	3.2773	2.3250	1.2342
36	0.36	6.7048	6.6399	6.4452	6.1199	5.6625	5.0714	4.3441	3.4775	2.4678	1.3105
37	0.37	7.0968	7.0284	6.8226	6.4789	5.9956	5.3707	4.6015	3.6846	2.6156	1.3895
38	0.38	7.5014	7.4291	7.2121	6.8494	6.3394	5.6798	4.8675	3.8987	2.7686	1.4713
39	0.39	7.9185	7.8424	7.6139	7.2317	6.6942	5.9988	5.1422	4.1199	2.9267	1.5561
40	0.40	8.3485	8.2685	8.0280	7.6259	7.0602	6.3281	5.4258	4.3485	3.0902	1.6437
41	0.41	8.7914	8.7074	8.4547	8.0321	7.4375	6.6676	5.7184	4.5845	3.2592	1.7344
42	0.42	9.2476	9.1594	8.8942	8.4506	7.8263	7.0177	6.0203	4.8281	3.4338	1.8281
43	0.43	9.7171	9.6246	9.3466	8.8816	8.2268	7.3785	6.3316	5.0795	3.6141	1.9251

弦径比		拱高坐标系数/%									
%	小数	0号	1号	2号	3号	4号	5号	6号	7号	8号	9号
44	0.44	10.2002	10.1034	9.8123	9.3252	8.6392	7.7502	6.6525	5.3389	3.8002	2.0253
45	0.45	10.6971	10.5958	10.2913	9.7817	9.0638	8.1330	6.9832	5.6063	3.9924	2.1288
46	0.46	11.2081	11.1023	10.7840	10.2513	9.5007	8.5272	7.3239	5.8821	4.1907	2.2358
47	0.47	11.7334	11.6228	11.2906	10.7343	9.9503	8.9329	7.6748	6.1664	4.3953	2.3463
48	0.48	12.2732	12.1579	11.8113	11.2309	10.4126	9.3504	8.0362	6.4593	4.6065	2.4605
49	0.49	12.8278	12.7076	12.3464	11.7414	10.8881	9.7801	8.4083	6.7613	4.8243	2.5785
50	0.50	13.3975	13.2724	12.8962	12.2661	11.3770	10.2220	8.7914	7.0724	5.0490	2.7003
51	0.51	13.9826	13.8524	13.4610	12.8052	11.8796	10.6767	9.1857	7.3930	5.2808	2.8262
52	0.52	14.5834	14.4481	14.0411	13.3591	12.3963	11.1442	9.5916	7.7233	5.5198	2.9562
53	0.53	15.2002	15.0597	14.6368	13.9281	12.9272	11.6251	10.0093	8.0635	5.7665	3.0906
54	0.54	15.8335	15.6876	15.2486	14.5126	13.4728	12.1195	10.4392	8.4141	6.0209	3.2294
55	0.55	16.4835	16.3322	15.8767	15.1129	14.0335	12.6280	10.8816	8.7752	6.2833	3.3728
56	0.56	17.1507	16.9938	16.5216	15.7294	14.6097	13.1507	11.3369	9.1473	6.5541	3.5211
57	0.57	17.8355	17.6729	17.1836	16.3626	15.2016	13.6883	11.8055	9.5306	6.8335	3.6744
58	0.58	18.5384	18.3700	17.8633	17.0129	15.8099	14.2410	12.2878	9.9257	7.1219	3.8329
59	0.59	19.2597	19.0855	18.5610	17.6808	16.4350	14.8094	12.7842	10.3328	7.4195	3.9969
60	0.60	20.0000	19.8198	19.2774	18.3667	17.0773	15.3939	13.2952	10.7524	7.7268	4.1665
61	0.61	20.7599	20.5736	20.0129	19.0711	17.7374	15.9951	13.8213	11.1850	8.0442	4.3421
62	0.62	21.5398	21.3474	20.7680	19.7948	18.4158	16.6135	14.3631	11.6311	8.3721	4.5239
63	0.63	22.3405	22.1418	21.5435	20.5382	19.1132	17.2497	14.9210	12.0912	8.7109	4.7123
64	0.64	23.1625	22.9575	22.3399	21.3020	19.8302	17.9043	15.4958	12.5659	9.0611	4.9075
65	0.65	24.0066	23.7951	23.1580	22.0869	20.5674	18.5780	16.0881	13.0557	9.4232	5.1099

拱高坐标系数/%

弦径比		0号	1号	2号	3号	4号	5号	6号	7号	8号	9号
%	小数										
66	0.66	24.8734	24.6554	23.9984	22.8936	21.3257	19.2715	16.6985	13.5614	9.7979	5.3199
67	0.67	25.7639	25.5392	24.8620	23.7230	22.1058	19.9857	17.3279	14.0837	10.1857	5.5380
68	0.68	26.6788	26.4473	25.7497	24.5759	22.9085	20.7213	17.9770	14.6233	10.5873	5.7646
69	0.69	27.6191	27.3807	26.6623	25.4532	23.7348	21.4793	18.6468	15.1811	11.0035	6.0001
70	0.70	28.5857	28.3404	27.6009	26.3559	24.5857	22.2607	19.3381	15.7580	11.4350	6.2452
71	0.71	29.5798	29.3275	28.5665	27.2851	25.4623	23.0665	20.0521	16.3549	11.8827	6.5005
72	0.72	30.6026	30.3431	29.5604	28.2419	26.3656	23.8978	20.7900	16.9730	12.3476	6.7666
73	0.73	31.6553	31.3885	30.5837	29.2278	27.2971	24.7560	21.5528	17.6134	12.8307	7.0443
74	0.74	32.7393	32.4651	31.6380	30.2440	28.2581	25.6425	22.3420	18.2774	13.3331	7.3345
75	0.75	33.8562	33.5746	32.7248	31.2921	29.2501	26.5587	23.1591	18.9664	13.8562	7.6380
76	0.76	35.0077	34.7185	33.8457	32.3738	30.2749	27.5063	24.0057	19.6821	14.4014	7.9559
77	0.77	36.1956	35.8987	35.0027	33.4910	31.3342	28.4873	24.8836	20.4262	14.9702	8.2894
78	0.78	37.4220	37.1174	36.1978	34.6457	32.4303	29.5035	25.7949	21.2006	15.5645	8.6397
79	0.79	38.6893	38.3768	37.4332	35.8403	33.5652	30.5574	26.7418	22.0074	16.1862	9.0085
80	0.80	40.0000	39.6795	38.7117	37.0773	34.7418	31.6515	27.7268	22.8493	16.8375	9.3974
81	0.81	41.3570	41.0284	40.0361	38.3596	35.9627	32.7887	28.7529	23.7288	17.5210	9.8084
82	0.82	42.7636	42.4269	41.4097	39.6906	37.2314	33.9722	29.8232	24.6492	18.2397	10.2437
83	0.83	44.2237	43.8786	42.8362	41.0740	38.5516	35.2058	30.9414	25.6140	18.9969	10.7061
84	0.84	45.7414	45.3879	44.3201	42.5141	39.9276	36.4938	32.1117	26.6275	19.7965	11.1985
85	0.85	47.3217	46.9598	45.8661	44.0158	41.3643	37.8411	33.3392	27.6943	20.6429	11.7248
86	0.86	48.9706	48.6001	47.4803	45.5851	42.8676	39.2535	34.6295	28.8202	21.5417	12.2892
87	0.87	50.6948	50.3157	49.1694	47.2287	44.4443	40.7379	35.9894	30.0118	22.4990	12.8970

185

弦径比 %	小数	拱高坐标系数/% 0号	1号	2号	3号	4号	5号	6号	7号	8号	9号
88	0.88	52.5026	52.1147	50.9416	48.9549	46.1026	42.3024	37.4271	31.2772	23.5226	13.5547
89	0.89	54.4039	54.0071	52.8070	50.7736	47.8525	43.9570	38.9524	32.6261	24.6219	14.2704
90	0.90	56.4110	56.0052	54.7777	52.6970	49.7062	45.7139	40.5775	34.0705	25.8084	15.0540
91	0.91	58.5392	58.1243	56.8690	54.7406	51.6791	47.5883	42.3177	35.6256	27.0969	15.9185
92	0.92	60.8082	60.3841	59.1008	56.9239	53.7907	49.6001	44.1926	37.3107	28.5063	16.8810
93	0.93	63.2440	62.8107	61.4990	59.2732	56.0673	51.7751	46.2281	39.1518	30.0620	17.9643
94	0.94	65.8826	65.4398	64.0995	61.8240	58.5445	54.1492	48.4600	41.1843	31.7989	19.2008
95	0.95	68.7750	68.3227	66.9534	64.6278	61.2737	56.7736	50.9395	43.4593	33.7673	20.6378
96	0.96	72.0000	71.5381	70.1395	67.7630	64.3333	59.7268	53.7450	46.0551	36.0450	22.3492
97	0.97	75.6895	75.2179	73.7897	71.3618	67.8554	63.1409	57.0084	49.1033	38.7628	24.4615
98	0.98	80.1003	79.6189	78.1606	75.6808	72.0968	67.8554	60.9863	52.8604	42.1763	27.2252
99	0.99	85.8933	85.4020	83.9135	81.3810	77.7183	72.7826	66.3398	57.9870	46.9454	31.2936
100	1.00	100.0000	99.4987	97.9796	95.3939	91.6515	86.6025	80.0000	71.4143	60.0000	43.5890

表八　圆弧分级拱高系数表

弦(跨)径比/%	1/2弦长级			1/4弦长级			1/8弦长级		
	弦径比系数/%	拱高系数/%	斜边长系数/%	弦径比系数/%	拱高系数/%	斜边长系数/%	弦径比系数/%	拱高系数/%	斜边长系数/%
1	1	0.0050	1.0000	0.5000	0.0013	0.5000	0.2500	0.0003	0.2500
2	2	0.0200	2.0001	1.0001	0.0050	1.0001	0.5000	0.0013	0.5000
3	3	0.0450	3.0003	1.5002	0.0113	1.5002	0.7501	0.0028	0.7501
4	4	0.0800	4.0008	2.0004	0.0200	2.0005	1.0003	0.0050	1.0003
5	5	0.1251	5.0016	2.5008	0.0313	2.5010	1.2505	0.0078	1.2505
6	6	0.1802	6.0027	3.0014	0.0451	3.0017	1.5008	0.0113	1.5009
7	7	0.2451	7.0043	3.5021	0.0613	3.5027	1.7513	0.0153	1.7514
8	8	0.3205	8.0064	4.0032	0.0802	4.0040	2.0020	0.0200	2.0021
9	9	0.4058	9.0091	4.5046	0.1015	4.5057	2.2529	0.0254	2.2530
10	10	0.5013	10.0126	5.0063	0.1254	5.0078	2.5039	0.0314	2.5041
11	11	0.6068	11.0167	5.5084	0.1518	5.5105	2.7552	0.0380	2.7555
12	12	0.7226	12.0217	6.0109	0.1808	6.0136	3.0068	0.0452	3.0071
13	13	0.8486	13.0277	6.5138	0.2124	6.5173	3.2586	0.0531	3.2591
14	14	0.9848	14.0346	7.0173	0.2465	7.0216	3.5108	0.0616	3.5114
15	15	1.1314	15.0426	7.5213	0.2833	7.5266	3.7633	0.0708	3.7640
16	16	1.2883	16.0518	8.0259	0.3226	8.0324	4.0162	0.0807	4.0170
17	17	1.4556	17.0622	8.5311	0.3646	8.5389	4.2694	0.0912	4.2704
18	18	1.6333	18.0740	9.0370	0.4092	9.0462	4.5231	0.1023	4.5243
19	19	1.8216	19.0871	9.5436	0.4564	9.5545	4.7772	0.1142	4.7786
20	20	2.0204	20.1018	10.0509	0.5064	10.0636	5.0318	0.1267	5.0334
21	21	2.2299	21.1181	10.5590	0.5590	10.5738	5.2869	0.1399	5.2888
22	22	2.4500	22.1360	11.0680	0.6144	11.0850	5.5425	0.1537	5.5447
23	23	2.6809	23.1557	11.5779	0.6725	11.5974	5.7987	0.1683	5.8011
24	24	2.9227	24.1773	12.0887	0.7334	12.1109	6.0554	0.1835	6.0582
25	25	3.1754	25.2009	12.6004	0.7970	12.6256	6.3128	0.1995	6.3160
26	26	3.4391	26.2265	13.1132	0.8635	13.1416	6.5708	0.2161	6.5744
27	27	3.7140	27.2542	13.6271	0.9328	13.6590	6.8295	0.2335	6.8335
28	28	4.0000	28.2843	14.1421	1.0051	14.1778	7.0889	0.2516	7.0934
29	29	4.2973	29.3167	14.6583	1.0802	14.6981	7.3490	0.2704	7.3540
30	30	4.6061	30.3515	15.1758	1.1582	15.2199	7.6100	0.2900	7.6155
31	31	4.9263	31.3890	15.6945	1.2393	15.7433	7.8717	0.3103	7.8778
32	32	5.2582	32.4291	16.2146	1.3233	16.2685	8.1342	0.3314	8.1410
33	33	5.6019	33.4721	16.7360	1.4104	16.7954	8.3977	0.3532	8.4051
34	34	5.9575	34.5176	17.2588	1.5006	17.3239	8.6620	0.3759	8.6701

1/16弦长级			1/32弦长级			1/64弦长级			1/128弦长级		
弦径比系数/%	拱高系数/%	斜边长系数/%	弦径比系数/%	拱高系数/%	斜边长系数/%	弦径比系数/%	拱高系数/%	斜边长系数/%	弦径比系数/%	拱高系数/%	斜边长系数/%
0.1250	0.0001	0.1250	0.0625	0.0000	0.0625	0.0313	0.0000	0.0313	0.0156	0.0000	0.0156
0.2500	0.0003	0.2500	0.1250	0.0001	0.1250	0.0625	0.0000	0.0625	0.0313	0.0000	0.0313
0.3751	0.0007	0.3751	0.1875	0.0002	0.1875	0.0938	0.0000	0.0938	0.0469	0.0000	0.0469
0.5001	0.0013	0.5001	0.2501	0.0003	0.2501	0.1250	0.0001	0.1250	0.0625	0.0000	0.0625
0.6253	0.0020	0.6253	0.3126	0.0005	0.3126	0.1563	0.0001	0.1563	0.0782	0.0000	0.0782
0.7504	0.0028	0.7504	0.3752	0.0007	0.3752	0.1876	0.0002	0.1876	0.0938	0.0000	0.0938
0.8757	0.0038	0.8757	0.4379	0.0010	0.4379	0.2189	0.0002	0.2189	0.1095	0.0001	0.1095
1.0011	0.0050	1.0011	0.5005	0.0013	0.5005	0.2503	0.0003	0.2503	0.1251	0.0001	0.1251
1.1265	0.0063	1.1265	0.5633	0.0016	0.5633	0.2816	0.0004	0.2816	0.1408	0.0001	0.1408
1.2521	0.0078	1.2521	0.6260	0.0020	0.6260	0.3130	0.0005	0.3130	0.1565	0.0001	0.1565
1.3777	0.0095	1.3778	0.6889	0.0024	0.6889	0.3444	0.0006	0.3444	0.1722	0.0001	0.1722
1.5036	0.0113	1.5036	0.7518	0.0028	0.7518	0.3759	0.0007	0.3759	0.1880	0.0002	0.1880
1.6295	0.0133	1.6296	0.8148	0.0033	0.8148	0.4074	0.0008	0.4074	0.2037	0.0002	0.2037
1.7557	0.0154	1.7557	0.8779	0.0039	0.8779	0.4389	0.0010	0.4389	0.2195	0.0002	0.2195
1.8820	0.0177	1.8821	0.9410	0.0044	0.9410	0.4705	0.0011	0.4705	0.2353	0.0003	0.2353
2.0085	0.0202	2.0086	1.0043	0.0050	1.0043	0.5022	0.0013	0.5022	0.2511	0.0003	0.2511
2.1352	0.0228	2.1353	1.0677	0.0057	1.0677	0.5338	0.0014	0.5338	0.2669	0.0004	0.2669
2.2621	0.0256	2.2623	1.1311	0.0064	1.1312	0.5656	0.0016	0.5656	0.2828	0.0004	0.2828
2.3893	0.0285	2.3895	1.1947	0.0071	1.1948	0.5974	0.0017	0.5974	0.2987	0.0004	0.2987
2.5167	0.0317	2.5169	1.2585	0.0079	1.2585	0.6292	0.0020	0.6292	0.3146	0.0005	0.3146
2.6444	0.0350	2.6446	1.3223	0.0087	1.3223	0.6612	0.0022	0.6612	0.3306	0.0005	0.3306
2.7723	0.0384	2.7726	1.3863	0.0096	1.3863	0.6932	0.0024	0.6932	0.3466	0.0006	0.3466
2.9006	0.0421	2.9009	1.4504	0.0105	1.4505	0.7252	0.0026	0.7252	0.3626	0.0007	0.3626
3.0291	0.0459	3.0295	1.5147	0.0115	1.5148	0.7574	0.0029	0.7574	0.3787	0.0007	0.3787
3.1580	0.0499	3.1584	1.5792	0.0125	1.5792	0.7896	0.0031	0.7896	0.3948	0.0008	0.3948
3.2872	0.0540	3.2876	1.6438	0.0135	1.6439	0.8219	0.0034	0.8219	0.4110	0.0008	0.4110
3.4167	0.0584	3.4172	1.7086	0.0146	1.7087	0.8543	0.0036	0.8544	0.4272	0.0009	0.4272
3.5467	0.0629	3.5472	1.7736	0.0157	1.7737	0.8868	0.0039	0.8869	0.4434	0.0010	0.4434
3.6770	0.0676	3.6776	1.8388	0.0169	1.8389	0.9194	0.0042	0.9195	0.4597	0.0011	0.4597
3.8077	0.0725	3.8084	1.9042	0.0181	1.9043	0.9522	0.0045	0.9522	0.4761	0.0011	0.4761
3.9389	0.0776	3.9397	1.9698	0.0194	1.9699	0.9850	0.0049	0.9850	0.4925	0.0012	0.4925
4.0705	0.0829	4.0713	2.0357	0.0207	2.0358	1.0179	0.0052	1.0179	0.5090	0.0013	0.5090
4.2026	0.0883	4.2035	2.1017	0.0221	2.1019	1.0509	0.0055	1.0509	0.5255	0.0014	0.5255
4.3351	0.0940	4.3361	2.1680	0.0235	2.1682	1.0841	0.0059	1.0841	0.5420	0.0015	0.5421

弦(跨)径比/%	1/2弦长级			1/4弦长级			1/8弦长级		
	弦径比系数/%	拱高系数/%	斜边长系数/%	弦径比系数/%	拱高系数/%	斜边长系数/%	弦径比系数/%	拱高系数/%	斜边长系数/%
35	35	6.3250	35.5669	17.7835	1.5940	17.8548	8.9274	0.3993	8.9363
36	36	6.7048	36.6190	18.3095	1.6905	18.3874	9.1937	0.4235	9.2034
37	37	7.0968	37.6745	18.8372	1.7902	18.9221	9.4611	0.4486	9.4717
38	38	7.5014	38.7333	19.3667	1.8933	19.4590	9.7295	0.4744	9.7411
39	39	7.9185	39.7958	19.8979	1.9996	19.9981	9.9991	0.5012	10.0116
40	40	8.3485	40.8619	20.4310	2.1094	20.5396	10.2698	0.5287	10.2834
41	41	8.7914	41.9320	20.9660	2.2226	21.0835	10.5417	0.5572	10.5564
42	42	9.2476	43.0060	21.5030	2.3403	21.6300	10.8150	0.5868	10.8309
43	43	9.7171	44.0843	22.0421	2.4595	22.1789	11.0895	0.6168	11.1066
44	44	10.2002	45.1669	22.5834	2.5851	22.7309	11.3655	0.6480	11.3839
45	45	10.6971	46.2540	23.1270	2.7110	23.2853	11.6427	0.6801	11.6625
46	46	11.2081	47.3458	23.6729	2.8424	23.8429	11.9215	0.7131	11.9428
47	47	11.7334	48.4425	24.2212	2.9777	24.4036	12.2018	0.7472	12.2246
48	48	12.2732	49.5442	24.7721	3.1169	24.9674	12.4837	0.7823	12.5082
49	49	12.8278	50.6513	25.3256	3.2601	25.5346	12.7673	0.8184	12.7935
50	50	13.3975	51.7638	25.8819	3.4074	26.1052	13.0526	0.8555	13.0806
51	51	13.9826	52.8821	26.4410	3.5590	26.6795	13.3397	0.8937	13.3696
52	52	14.5834	54.0062	27.0031	3.7148	27.2575	13.6287	0.9331	13.6606
53	53	15.2002	55.1366	27.5683	3.8751	27.8393	13.9197	0.9735	13.9537
54	54	15.8335	56.2734	28.1367	4.0398	28.4253	14.2126	1.0151	14.2488
55	55	16.4835	57.4170	28.7085	4.2095	29.0155	14.5077	1.0580	14.5463
56	56	17.1507	58.5675	29.2837	4.3838	29.6100	14.8050	1.1020	14.8460
57	57	17.8355	59.7252	29.8626	4.5630	30.2092	15.1046	1.1473	15.1481
58	58	18.5384	60.8906	30.4453	4.7473	30.8132	15.4066	1.1939	15.4528
59	59	19.2597	62.0640	31.0320	4.9368	31.4222	15.7111	1.2419	15.7601
60	60	20.0000	63.2456	31.6228	5.1317	32.0364	16.0182	1.2913	16.0702
61	61	20.7599	64.4358	32.2179	5.3321	32.6562	16.3281	1.3420	16.3831
62	62	21.5398	65.6351	32.8175	5.5383	33.2816	16.6408	1.3943	16.6991
63	63	22.3405	66.8438	33.4219	5.7505	33.9130	16.9565	1.4481	17.0182
64	64	23.1625	68.0625	34.0312	5.9688	34.5507	17.2754	1.5035	17.3407
65	65	24.0066	69.2915	34.6458	6.1934	35.1950	17.5975	1.5605	17.6666
66	66	24.8734	70.5315	35.2657	6.4247	35.8462	17.9231	1.6193	17.9961
67	67	25.7639	71.7829	35.8914	6.6629	36.5046	18.2523	1.6798	18.3295
68	68	26.6788	73.0463	36.5231	6.9083	37.1707	18.5854	1.7423	18.6669
69	69	27.6191	74.3224	37.1612	7.1612	37.8449	18.9224	1.8066	19.0085

1/16弦长级			1/32弦长级			1/64弦长级			1/128弦长级		
弦径比系数 / %	拱高系数 / %	斜边长系数 / %	弦径比系数 / %	拱高系数 / %	斜边长系数 / %	弦径比系数 / %	拱高系数 / %	斜边长系数 / %	弦径比系数 / %	拱高系数 / %	斜边长系数 / %
4.4682	0.0999	4.4693	2.2346	0.0250	2.2348	1.1174	0.0062	1.1174	0.5587	0.0016	0.5587
4.6017	0.1059	4.6029	2.3015	0.0265	2.3016	1.1508	0.0066	1.1508	0.5754	0.0017	0.5754
4.7358	0.1122	4.7372	2.3686	0.0281	2.3688	1.1844	0.0070	1.1844	0.5922	0.0018	0.5922
4.8705	0.1187	4.8720	2.4360	0.0297	2.4362	1.2181	0.0074	1.2181	0.6091	0.0019	0.6091
5.0058	0.1254	5.0074	2.5037	0.0313	2.5039	1.2519	0.0078	1.2520	0.6260	0.0020	0.6260
5.1417	0.1323	5.1434	2.5717	0.0331	2.5719	1.2860	0.0083	1.2860	0.6430	0.0021	0.6430
5.2782	0.1394	5.2801	2.6400	0.0349	2.6403	1.3201	0.0087	1.3202	0.6601	0.0022	0.6601
5.4155	0.1468	5.4174	2.7087	0.0367	2.7090	1.3545	0.0092	1.3545	0.6773	0.0023	0.6773
5.5533	0.1543	5.5554	2.7777	0.0386	2.7780	1.3890	0.0096	1.3890	0.6945	0.0024	0.6945
5.6920	0.1621	5.6943	2.8471	0.0405	2.8474	1.4237	0.0101	1.4237	0.7119	0.0025	0.7119
5.8313	0.1702	5.8337	2.9169	0.0425	2.9172	1.4586	0.0106	1.4586	0.7293	0.0027	0.7293
5.9714	0.1784	5.9741	2.9870	0.0446	2.9874	1.4937	0.0112	1.4937	0.7469	0.0028	0.7469
6.1123	0.1870	6.1152	3.0576	0.0468	3.0579	1.5290	0.0117	1.5290	0.7645	0.0029	0.7645
6.2541	0.1958	6.2572	3.1286	0.0490	3.1290	1.5645	0.0122	1.5645	0.7823	0.0031	0.7823
6.3968	0.2048	6.4000	3.2000	0.0512	3.2004	1.6002	0.0128	1.6003	0.8001	0.0032	0.8001
6.5403	0.2141	6.5438	3.2719	0.0535	3.2723	1.6362	0.0134	1.6362	0.8181	0.0033	0.8181
6.6848	0.2237	6.6886	3.3443	0.0559	3.3447	1.6724	0.0140	1.6724	0.8362	0.0035	0.8362
6.8303	0.2335	6.8343	3.4172	0.0584	3.4177	1.7088	0.0146	1.7089	0.8544	0.0037	0.8545
6.9768	0.2437	6.9811	3.4905	0.0609	3.4911	1.7455	0.0152	1.7456	0.8728	0.0038	0.8728
7.1244	0.2541	7.1289	3.5645	0.0635	3.5650	1.7825	0.0159	1.7826	0.8913	0.0040	0.8913
7.2731	0.2648	7.2779	3.6390	0.0662	3.6396	1.8198	0.0166	1.8199	0.9099	0.0041	0.9099
7.4230	0.2759	7.4281	3.7141	0.0690	3.7147	1.8573	0.0173	1.8574	0.9287	0.0043	0.9287
7.5741	0.2872	7.5795	3.7898	0.0718	3.7904	1.8952	0.0180	1.8953	0.9477	0.0045	0.9477
7.7264	0.2989	7.7322	3.8661	0.0748	3.8668	1.9334	0.0187	1.9335	0.9667	0.0047	0.9668
7.8801	0.3110	7.8862	3.9431	0.0778	3.9439	1.9719	0.0194	1.9720	0.9860	0.0049	0.9860
8.0351	0.3233	8.0416	4.0208	0.0809	4.0216	2.0108	0.0202	2.0109	1.0055	0.0051	1.0055
8.1916	0.3361	8.1985	4.0992	0.0841	4.1001	2.0500	0.0210	2.0502	1.0251	0.0053	1.0251
8.3496	0.3492	8.3569	4.1784	0.0873	4.1793	2.0897	0.0218	2.0898	1.0449	0.0055	1.0449
8.5091	0.3627	8.5168	4.2584	0.0907	4.2594	2.1297	0.0227	2.1298	1.0649	0.0057	1.0649
8.6703	0.3766	8.6785	4.3393	0.0942	4.3403	2.1701	0.0236	2.1703	1.0851	0.0059	1.0851
8.8333	0.3909	8.8419	4.4210	0.0978	4.4220	2.2110	0.0244	2.2112	1.1056	0.0061	1.1056
8.9980	0.4056	9.0072	4.5036	0.1015	4.5047	2.2524	0.0254	2.2525	1.1263	0.0063	1.1263
9.1647	0.4208	9.1744	4.5872	0.1053	4.5884	2.2942	0.0263	2.2944	1.1472	0.0066	1.1472
9.3334	0.4365	9.3436	4.6718	0.1092	4.6731	2.3365	0.0273	2.3367	1.1684	0.0068	1.1684
9.5042	0.4527	9.5150	4.7575	0.1132	4.7589	2.3794	0.0283	2.3796	1.1898	0.0071	1.1898

弦（跨）径比/%	1/2弦长级			1/4弦长级			1/8弦长级		
	弦径比系数/%	拱高系数/%	斜边长系数/%	弦径比系数/%	拱高系数/%	斜边长系数/%	弦径比系数/%	拱高系数/%	斜边长系数/%
70	70	28.5857	75.6118	37.8059	7.4218	38.5275	19.2638	1.8730	19.3546
71	71	29.5798	76.9153	38.4577	7.6907	39.2191	19.6096	1.9415	19.7054
72	72	30.6026	78.2337	39.1169	7.9681	39.9202	19.9601	2.0123	20.0613
73	73	31.6553	79.5679	39.7840	8.2545	40.6313	20.3156	2.0854	20.4224
74	74	32.7393	80.9189	40.4594	8.5504	41.3530	20.6765	2.1609	20.7891
75	75	33.8562	82.2876	41.1438	8.8562	42.0861	21.0431	2.2391	21.1619
76	76	35.0077	83.6752	41.8376	9.1726	42.8313	21.4157	2.3201	21.5410
77	77	36.1956	85.0830	42.5415	9.5002	43.5894	21.7947	2.4039	21.9269
78	78	37.4220	86.5125	43.2562	9.8396	44.3612	22.1806	2.4909	22.3201
79	79	38.6893	87.9651	43.9826	10.1917	45.1479	22.5740	2.5812	22.7211
80	80	40.0000	89.4427	44.7214	10.5573	45.9506	22.9753	2.6751	23.1305
81	81	41.3570	90.9473	45.4736	10.9374	46.7705	23.3852	2.7728	23.5490
82	82	42.7636	92.4810	46.2405	11.3331	47.6091	23.8045	2.8746	23.9775
83	83	44.2237	94.0464	47.0232	11.7457	48.4680	24.2340	2.9809	24.4166
84	84	45.7414	95.6466	47.8233	12.1767	49.3492	24.6746	3.0920	24.8676
85	85	47.3217	97.2849	48.6424	12.6277	50.2548	25.1274	3.2084	25.3314
86	86	48.9706	98.9652	49.4826	13.1008	51.1875	25.5938	3.3307	25.8096
87	87	50.6948	100.6924	50.3462	13.5983	52.1503	26.0752	3.4594	26.3036
88	88	52.5026	102.4721	51.2360	14.1229	53.1469	26.5734	3.5954	26.8156
89	89	54.4039	104.3110	52.1555	14.6782	54.1816	27.0908	3.7395	27.3477
90	90	56.4110	106.2177	53.1089	15.2684	55.2601	27.6300	3.8929	27.9029
91	91	58.5392	108.2028	54.1014	15.8986	56.3891	28.1945	4.0570	28.4849
92	92	60.8082	110.2798	55.1399	16.5758	57.5775	28.7887	4.2336	29.0984
93	93	63.2440	112.4669	56.2335	17.3090	58.8371	29.4186	4.4252	29.7495
94	94	65.8826	114.7890	57.3945	18.1106	60.1841	30.0920	4.6351	30.4469
95	95	68.7750	117.2817	58.6409	18.9985	61.6416	30.8208	4.8681	31.2029
96	96	72.0000	120.0000	60.0000	20.0000	63.2456	31.6228	5.1317	32.0364
97	97	75.6895	123.0362	61.5181	21.1614	65.0560	32.5280	5.4382	32.9795
98	98	80.1003	126.5703	63.2852	22.5727	67.1903	33.5952	5.8121	34.0942
99	99	85.8933	131.0674	65.5337	24.4663	69.9519	34.9759	6.3160	35.5416
100	100	100.0000	141.4214	70.7107	29.2893	76.5367	38.2683	7.6120	39.0181

1/16弦长级			1/32弦长级			1/64弦长级			1/128弦长级		
弦径比系数/%	拱高系数/%	斜边长系数/%	弦径比系数/%	拱高系数/%	斜边长系数/%	弦径比系数/%	拱高系数/%	斜边长系数/%	弦径比系数/%	拱高系数/%	斜边长系数/%
9.6773	0.4694	9.6887	4.8443	0.1174	4.8458	2.4229	0.0294	2.4231	1.2115	0.0073	1.2116
9.8527	0.4866	9.8647	4.9324	0.1217	4.9339	2.4669	0.0304	2.4671	1.2336	0.0076	1.2336
10.0306	0.5043	10.0433	5.0217	0.1262	5.0232	2.5116	0.0315	2.5118	1.2559	0.0079	1.2559
10.2112	0.5227	10.2246	5.1123	0.1308	5.1140	2.5570	0.0327	2.5572	1.2786	0.0082	1.2786
10.3946	0.5417	10.4087	5.2043	0.1355	5.2061	2.6031	0.0339	2.6033	1.3016	0.0085	1.3017
10.5809	0.5614	10.5958	5.2979	0.1404	5.2998	2.6499	0.0351	2.6501	1.3251	0.0088	1.3251
10.7705	0.5817	10.7862	5.3931	0.1455	5.3951	2.6975	0.0364	2.6978	1.3489	0.0091	1.3489
10.9634	0.6028	10.9800	5.4900	0.1508	5.4921	2.7460	0.0377	2.7463	1.3731	0.0094	1.3732
11.1600	0.6247	11.1775	5.5887	0.1563	5.5909	2.7955	0.0391	2.7957	1.3979	0.0098	1.3979
11.3605	0.6474	11.3790	5.6895	0.1620	5.6918	2.8459	0.0405	2.8462	1.4231	0.0101	1.4231
11.5653	0.6710	11.5847	5.7924	0.1679	5.7948	2.8974	0.0420	2.8977	1.4488	0.0105	1.4489
11.7745	0.6956	11.7951	5.8975	0.1741	5.9001	2.9500	0.0435	2.9504	1.4752	0.0109	1.4752
11.9887	0.7212	12.0104	6.0052	0.1805	6.0079	3.0040	0.0451	3.0043	1.5021	0.0113	1.5022
12.2083	0.7480	12.2312	6.1156	0.1872	6.1185	3.0592	0.0468	3.0596	1.5298	0.0117	1.5298
12.4338	0.7760	12.4580	6.2290	0.1942	6.2320	3.1160	0.0486	3.1164	1.5582	0.0121	1.5582
12.6657	0.8053	12.6913	6.3456	0.2015	6.3488	3.1744	0.0504	3.1748	1.5874	0.0126	1.5875
12.9048	0.8362	12.9318	6.4659	0.2093	6.4693	3.2347	0.0523	3.2351	1.6175	0.0131	1.6176
13.1518	0.8686	13.1805	6.5902	0.2174	6.5938	3.2969	0.0544	3.2974	1.6487	0.0136	1.6487
13.4078	0.9029	13.4381	6.7191	0.2260	6.7229	3.3614	0.0565	3.3619	1.6810	0.0141	1.6810
13.6738	0.9393	13.7061	6.8530	0.2351	6.8571	3.4285	0.0588	3.4290	1.7145	0.0147	1.7146
13.9515	0.9780	13.9857	6.9928	0.2448	6.9971	3.4986	0.0612	3.4991	1.7496	0.0153	1.7496
14.2425	1.0194	14.2789	7.1394	0.2552	7.1440	3.5720	0.0638	3.5726	1.7863	0.0160	1.7864
14.5492	1.0641	14.5880	7.2940	0.2664	7.2989	3.6494	0.0666	3.6500	1.8250	0.0167	1.8251
14.8748	1.1125	14.9163	7.4581	0.2785	7.4633	3.7317	0.0697	3.7323	1.8662	0.0174	1.8662
15.2235	1.1656	15.2680	7.6340	0.2918	7.6396	3.8198	0.0730	3.8205	1.9102	0.0182	1.9103
15.6015	1.2245	15.6494	7.8247	0.3066	7.8307	3.9154	0.0767	3.9161	1.9581	0.0192	1.9581
16.0182	1.2913	16.0702	8.0351	0.3233	8.0416	4.0208	0.0809	4.0216	2.0108	0.0202	2.0109
16.4897	1.3689	16.5465	8.2732	0.3428	8.2803	4.1402	0.0857	4.1411	2.0705	0.0214	2.0706
17.0471	1.4637	17.1098	8.5549	0.3666	8.5628	4.2814	0.0917	4.2824	2.1412	0.0229	2.1413
17.7708	1.5917	17.8420	8.9210	0.3987	8.9299	4.4649	0.0997	4.4661	2.2330	0.0249	2.2332
19.5090	1.9215	19.6034	9.8017	0.4815	9.8135	4.9068	0.1205	4.9082	2.4541	0.0301	2.4543

表九 椭圆系数表

短长轴比 / %	绳子画法	圆弧拼接画法			半径画法	
	E、F 两点系数	拱高系数	长轴半弦系数	短轴半弦系数	长轴半径系数	短轴半径系数
1	0.9999	0.0050	0.0050	0.9950	0.0050	99.5075
2	0.9998	0.0099	0.0101	0.9901	0.0101	49.5149
3	0.9995	0.0148	0.0152	0.9852	0.0152	32.8556
4	0.9992	0.0196	0.0204	0.9804	0.0204	24.5296
5	0.9987	0.0244	0.0256	0.9756	0.0257	19.5369
6	0.9982	0.0291	0.0309	0.9709	0.0310	16.2108
7	0.9975	0.0338	0.0362	0.9662	0.0363	13.8370
8	0.9968	0.0384	0.0416	0.9616	0.0417	12.0584
9	0.9959	0.0430	0.0470	0.9570	0.0472	10.6765
10	0.9950	0.0475	0.0525	0.9525	0.0528	9.5724
11	0.9939	0.0520	0.0580	0.9480	0.0584	8.6703
12	0.9928	0.0564	0.0636	0.9436	0.0640	7.9196
13	0.9915	0.0608	0.0692	0.9392	0.0698	7.2855
14	0.9902	0.0651	0.0749	0.9349	0.0756	6.7428
15	0.9887	0.0694	0.0806	0.9306	0.0815	6.2734
16	0.9871	0.0736	0.0864	0.9264	0.0875	5.8634
17	0.9854	0.0778	0.0922	0.9222	0.0935	5.5024
18	0.9837	0.0820	0.0980	0.9180	0.0996	5.1822
19	0.9818	0.0861	0.1039	0.9139	0.1058	4.8963
20	0.9798	0.0901	0.1099	0.9099	0.1121	4.6396
21	0.9777	0.0941	0.1159	0.9059	0.1184	4.4079
22	0.9755	0.0980	0.1220	0.9020	0.1249	4.1978
23	0.9732	0.1019	0.1281	0.8981	0.1314	4.0065
24	0.9708	0.1058	0.1342	0.8942	0.1380	3.8316
25	0.9682	0.1096	0.1404	0.8904	0.1447	3.6712
26	0.9656	0.1134	0.1466	0.8866	0.1515	3.5235
27	0.9629	0.1171	0.1529	0.8829	0.1584	3.3871
28	0.9600	0.1208	0.1592	0.8792	0.1654	3.2609
29	0.9570	0.1244	0.1656	0.8756	0.1724	3.1437
30	0.9539	0.1280	0.1720	0.8720	0.1796	3.0347
31	0.9507	0.1315	0.1785	0.8685	0.1869	2.9331
32	0.9474	0.1350	0.1850	0.8650	0.1942	2.8381
33	0.9440	0.1385	0.1915	0.8615	0.2017	2.7491

短长轴比 /%	绳子画法	圆弧拼接画法			半径画法	
	E、F两点系数	拱高系数	长轴半弦系数	短轴半弦系数	长轴半径系数	短轴半径系数
34	0.9404	0.1419	0.1981	0.8581	0.2092	2.6657
35	0.9367	0.1453	0.2047	0.8547	0.2169	2.5874
36	0.9330	0.1486	0.2114	0.8514	0.2247	2.5136
37	0.9290	0.1519	0.2181	0.8481	0.2326	2.4441
38	0.9250	0.1551	0.2249	0.8449	0.2406	2.3785
39	0.9208	0.1583	0.2317	0.8417	0.2487	2.3165
40	0.9165	0.1615	0.2385	0.8385	0.2569	2.2578
41	0.9121	0.1646	0.2454	0.8354	0.2652	2.2022
42	0.9075	0.1677	0.2523	0.8323	0.2737	2.1494
43	0.9028	0.1707	0.2593	0.8293	0.2822	2.0993
44	0.8980	0.1737	0.2663	0.8263	0.2909	2.0516
45	0.8930	0.1767	0.2733	0.8233	0.2997	2.0062
46	0.8879	0.1796	0.2804	0.8204	0.3086	1.9630
47	0.8827	0.1825	0.2875	0.8175	0.3176	1.9218
48	0.8773	0.1854	0.2946	0.8146	0.3268	1.8825
49	0.8717	0.1882	0.3018	0.8118	0.3361	1.8449
50	0.8660	0.1910	0.3090	0.8090	0.3455	1.8090
51	0.8602	0.1937	0.3163	0.8063	0.3550	1.7747
52	0.8542	0.1964	0.3236	0.8036	0.3647	1.7417
53	0.8480	0.1991	0.3309	0.8009	0.3745	1.7102
54	0.8417	0.2018	0.3382	0.7982	0.3844	1.6800
55	0.8352	0.2044	0.3456	0.7956	0.3945	1.6510
56	0.8285	0.2069	0.3531	0.7931	0.4047	1.6231
57	0.8216	0.2095	0.3605	0.7905	0.4150	1.5964
58	0.8146	0.2120	0.3680	0.7880	0.4254	1.5706
59	0.8074	0.2145	0.3755	0.7855	0.4360	1.5459
60	0.8000	0.2169	0.3831	0.7831	0.4468	1.5221
61	0.7924	0.2193	0.3907	0.7807	0.4576	1.4991
62	0.7846	0.2217	0.3983	0.7783	0.4686	1.4770
63	0.7766	0.2240	0.4060	0.7760	0.4798	1.4557
64	0.7684	0.2264	0.4136	0.7736	0.4911	1.4352
65	0.7599	0.2287	0.4213	0.7713	0.5025	1.4153
66	0.7513	0.2309	0.4291	0.7691	0.5141	1.3962
67	0.7424	0.2331	0.4369	0.7669	0.5258	1.3777

短长轴比 /%	绳子画法	圆弧拼接画法			半径画法	
	E、F两点系数	拱高系数	长轴半弦系数	短轴半弦系数	长轴半径系数	短轴半径系数
68	0.7332	0.2354	0.4446	0.7646	0.5377	1.3598
69	0.7238	0.2375	0.4525	0.7625	0.5497	1.3426
70	0.7141	0.2397	0.4603	0.7603	0.5619	1.3259
71	0.7042	0.2418	0.4682	0.7582	0.5742	1.3097
72	0.6940	0.2439	0.4761	0.7561	0.5867	1.2940
73	0.6834	0.2459	0.4841	0.7541	0.5993	1.2789
74	0.6726	0.2480	0.4920	0.7520	0.6121	1.2642
75	0.6614	0.2500	0.5000	0.7500	0.6250	1.2500
76	0.6499	0.2520	0.5080	0.7480	0.6381	1.2362
77	0.6380	0.2539	0.5161	0.7461	0.6513	1.2228
78	0.6258	0.2559	0.5241	0.7441	0.6647	1.2099
79	0.6131	0.2578	0.5322	0.7422	0.6782	1.1973
80	0.6000	0.2597	0.5403	0.7403	0.6919	1.1851
81	0.5864	0.2616	0.5484	0.7384	0.7058	1.1732
82	0.5724	0.2634	0.5566	0.7366	0.7198	1.1617
83	0.5578	0.2652	0.5648	0.7348	0.7340	1.1505
84	0.5426	0.2670	0.5730	0.7330	0.7483	1.1396
85	0.5268	0.2688	0.5812	0.7312	0.7628	1.1290
86	0.5103	0.2705	0.5895	0.7295	0.7775	1.1188
87	0.4931	0.2723	0.5977	0.7277	0.7923	1.1087
88	0.4750	0.2740	0.6060	0.7260	0.8073	1.0990
89	0.4560	0.2757	0.6143	0.7243	0.8224	1.0895
90	0.4359	0.2773	0.6227	0.7227	0.8377	1.0803
91	0.4146	0.2790	0.6310	0.7210	0.8532	1.0713
92	0.3919	0.2806	0.6394	0.7194	0.8688	1.0626
93	0.3676	0.2822	0.6478	0.7178	0.8847	1.0540
94	0.3412	0.2838	0.6562	0.7162	0.9006	1.0457
95	0.3122	0.2853	0.6647	0.7147	0.9168	1.0376
96	0.2800	0.2869	0.6731	0.7131	0.9331	1.0297
97	0.2431	0.2884	0.6816	0.7116	0.9496	1.0220
98	0.1990	0.2899	0.6901	0.7101	0.9662	1.0145
99	0.1411	0.2914	0.6986	0.7086	0.9830	1.0072
100	0.0000	0.2929	0.7071	0.7071	1.0000	1.0000

表十 圆木用表（二）

弦径比/%	0 交角度数	交角坡度/%	1 交角度数	交角坡度/%	2 交角度数	交角坡度/%	3 交角度数	交角坡度/%	4 交角度数	交角坡度/%
6.00	86°33′36.67″	6.0108	86°33′16.01″	6.0209	86°32′55.35″	6.0309	86°32′34.68″	6.0410	86°32′14.02″	6.0510
6.10	86°30′10.03″	6.1114	86°29′49.37″	6.1214	86°29′28.70″	6.1315	86°29′8.04″	6.1415	86°28′47.37″	6.1516
6.20	86°26′43.37″	6.2120	86°26′22.71″	6.2220	86°26′2.04″	6.2321	86°25′41.38″	6.2421	86°25′20.71″	6.2522
6.30	86°23′16.71″	6.3125	86°22′56.04″	6.3226	86°22′35.37″	6.3327	86°22′14.70″	6.3427	86°21′54.03″	6.3528
6.40	86°19′50.02″	6.4131	86°19′29.35″	6.4232	86°19′8.69″	6.4333	86°18′48.02″	6.4433	86°18′27.35″	6.4534
6.50	86°16′23.33″	6.5138	86°16′2.66″	6.5238	86°15′41.99″	6.5339	86°15′21.32″	6.5440	86°15′0.65″	6.5540
6.60	86°12′56.62″	6.6144	86°12′35.95″	6.6245	86°12′15.28″	6.6346	86°11′54.60″	6.6446	86°11′33.93″	6.6547
6.70	86°9′29.90″	6.7151	86°9′9.22″	6.7252	86°8′48.55″	6.7352	86°8′27.88″	6.7453	86°8′7.20″	6.7554
6.80	86°6′3.16″	6.8158	86°5′42.49″	6.8258	86°5′21.81″	6.8359	86°5′1.14″	6.8460	86°4′40.46″	6.8561
6.90	86°2′36.41″	6.9165	86°2′15.73″	6.9266	86°1′55.06″	6.9366	86°1′34.38″	6.9467	86°1′13.71″	6.9568
7.00	85°59′9.65″	7.0172	85°58′48.97″	7.0273	85°58′28.29″	7.0374	85°58′7.61″	7.0474	85°57′46.94″	7.0575
7.10	85°55′42.87″	7.1180	85°55′22.19″	7.1280	85°55′1.51″	7.1381	85°54′40.83″	7.1482	85°54′20.15″	7.1583
7.20	85°52′16.07″	7.2187	85°51′55.39″	7.2288	85°51′34.71″	7.2389	85°51′14.03″	7.2490	85°50′53.35″	7.2591
7.30	85°48′49.26″	7.3195	85°48′28.58″	7.3296	85°48′7.90″	7.3397	85°47′47.22″	7.3498	85°47′26.54″	7.3599
7.40	85°45′22.44″	7.4203	85°45′1.76″	7.4304	85°44′41.07″	7.4405	85°44′20.39″	7.4506	85°43′59.71″	7.4607
7.50	85°41′55.60″	7.5212	85°41′34.91″	7.5313	85°41′14.23″	7.5414	85°40′53.54″	7.5514	85°40′32.86″	7.5615
7.60	85°38′28.74″	7.6220	85°38′8.06″	7.6321	85°37′47.37″	7.6422	85°37′26.68″	7.6523	85°37′6″	7.6624
7.70	85°35′1.87″	7.7229	85°34′41.19″	7.7330	85°34′20.50″	7.7431	85°33′59.81″	7.7532	85°33′39.12″	7.7633
7.80	85°31′34.99″	7.8238	85°31′14.3″	7.8339	85°30′53.61″	7.8440	85°30′32.92″	7.8541	85°30′12.23″	7.8642
7.90	85°28′8.08″	7.9248	85°27′47.39″	7.9349	85°27′26.7″	7.9450	85°27′6.01″	7.9551	85°26′45.32″	7.9651
8.00	85°24′41.16″	8.0257	85°24′20.47″	8.0358	85°23′59.78″	8.0459	85°23′39.08″	8.0560	85°23′18.39″	8.0661
8.10	85°21′14.23″	8.1267	85°20′53.53″	8.1368	85°20′32.84″	8.1469	85°20′12.14″	8.1570	85°19′51.45″	8.1671
8.20	85°17′47.27″	8.2277	85°17′26.58″	8.2378	85°17′5.88″	8.2479	85°16′45.18″	8.2580	85°16′24.49″	8.2681
8.30	85°14′20.3″	8.3287	85°13′59.61″	8.3388	85°13′38.91″	8.3489	85°13′18.21″	8.3591	85°12′57.51″	8.3692
8.40	85°10′53.32″	8.4298	85°10′32.62″	8.4399	85°10′11.92″	8.4500	85°9′51.22″	8.4601	85°9′30.52″	8.4702
8.50	85°7′26.31″	8.5309	85°7′5.61″	8.5410	85°6′44.91″	8.5511	85°6′24.21″	8.5612	85°6′3.5″	8.5713
8.60	85°3′59.29″	8.6320	85°3′38.58″	8.6421	85°3′17.88″	8.6522	85°2′57.18″	8.6623	85°2′36.47″	8.6724
8.70	85°0′32.25″	8.7331	85°0′11.54″	8.7432	84°59′50.84″	8.7533	84°59′30.13″	8.7635	84°59′9.43″	8.7736
8.80	84°57′5.19″	8.8343	84°56′44.48″	8.8444	84°56′23.77″	8.8545	84°56′3.07″	8.8646	84°55′42.36″	8.8747
8.90	84°53′38.11″	8.9355	84°53′17.4″	8.9456	84°52′56.69″	8.9557	84°52′35.98″	8.9658	84°52′15.27″	8.9759
9.00	84°50′11.01″	9.0367	84°49′50.3″	9.0468	84°49′29.59″	9.0569	84°49′8.88″	9.0670	84°48′48.17″	9.0772
9.10	84°46′43.9″	9.1379	84°46′23.19″	9.1480	84°46′2.47″	9.1582	84°45′41.76″	9.1683	84°45′21.05″	9.1784
9.20	84°43′16.77″	9.2392	84°42′56.05″	9.2493	84°42′35.34″	9.2594	84°42′14.62″	9.2696	84°41′53.91″	9.2797

5		6		7		8		9	
交角度数	交角坡度/%	交角度数	交角坡度/%	交角度数	交角坡度/%	交角度数	交角坡度/%	交角度数	交角坡度/%
86°31′53.35″	6.0611	86°31′32.69″	6.0712	86°31′12.03″	6.0812	86°30′51.36″	6.0913	86°30′30.70″	6.1013
86°28′26.70″	6.1617	86°28′6.04″	6.1717	86°27′45.37″	6.1818	86°27′24.71″	6.1918	86°27′4.04″	6.2019
86°25′0.04″	6.2622	86°24′39.37″	6.2723	86°24′18.71″	6.2824	86°23′58.04″	6.2924	86°23′37.37″	6.3025
86°21′33.37″	6.3628	86°21′12.70″	6.3729	86°20′52.03″	6.3830	86°20′31.36″	6.3930	86°20′10.69″	6.4031
86°18′6.68″	6.4635	86°17′46.01″	6.4735	86°17′25.34″	6.4836	86°17′4.67″	6.4936	86°16′44.00″	6.5037
86°14′39.98″	6.5641	86°14′19.31″	6.5742	86°13′58.63″	6.5842	86°13′37.96″	6.5943	86°13′17.29″	6.6044
86°11′13.26″	6.6648	86°10′52.59″	6.6748	86°10′31.92″	6.6849	86°10′11.27″	6.6950	86°9′50.57″	6.7050
86°7′46.53″	6.7654	86°7′25.86″	6.7755	86°7′5.17″	6.7856	86°6′44.51″	6.7956	86°6′23.84″	6.8057
86°4′19.79″	6.8661	86°3′59.11″	6.8762	86°3′38.44″	6.8863	86°3′17.76″	6.8963	86°2′57.09″	6.9064
86°0′53.03″	6.9668	86°0′32.35″	6.9769	86°0′11.68″	6.9870	85°59′51.00″	6.9971	85°59′30.32″	7.0071
85°57′26.26″	7.0676	85°57′5.58″	7.0777	85°56′44.90″	7.0877	85°56′24.22″	7.0978	85°56′3.55″	7.1079
85°53′59.47″	7.1683	85°53′38.79″	7.1784	85°53′18.11″	7.1885	85°52′57.43″	7.1986	85°52′36.75″	7.2087
85°50′32.67″	7.2691	85°50′11.99″	7.2792	85°49′51.31″	7.2893	85°49′30.63″	7.2994	85°49′9.95″	7.3094
85°47′5.85″	7.3699	85°46′45.17″	7.3800	85°46′24.49″	7.3901	85°46′3.81″	7.4002	85°45′43.12″	7.4103
85°43′39.02″	7.4708	85°43′18.34″	7.4808	85°42′57.65″	7.4909	85°42′36.97″	7.5010	85°42′16.28″	7.5111
85°40′12.17″	7.5716	85°39′51.49″	7.5817	85°39′30.80″	7.5918	85°39′10.12″	7.6019	85°38′49.43″	7.6120
85°36′45.31″	7.6725	85°36′24.62″	7.6826	85°36′3.94″	7.6927	85°35′43.25″	7.7027	85°35′22.56″	7.7128
85°33′18.43″	7.7734	85°32′57.74″	7.7835	85°32′37.05″	7.7936	85°32′16.37″	7.8037	85°31′55.68″	7.8137
85°29′51.54″	7.8743	85°29′30.85″	7.8844	85°29′10.16″	7.8945	85°28′49.47″	7.9046	85°28′28.77″	7.9147
85°26′24.63″	7.9752	85°26′3.93″	7.9853	85°25′43.24″	7.9954	85°25′22.55″	8.0055	85°25′1.86″	8.0156
85°22′57.7″	8.0762	85°22′37″	8.0863	85°22′16.31″	8.0964	85°21′55.62″	8.1065	85°21′34.92″	8.1166
85°19′30.75″	8.1772	85°19′10.06″	8.1873	85°18′49.36″	8.1974	85°18′28.67″	8.2075	85°18′7.97″	8.2176
85°16′3.79″	8.2782	85°15′43.09″	8.2883	85°15′22.4″	8.2984	85°15′1.7″	8.3085	85°14′41″	8.3186
85°12′36.81″	8.3793	85°12′16.11″	8.3894	85°11′55.41″	8.3995	85°11′34.71″	8.4096	85°11′14.02″	8.4197
85°9′9.82″	8.4803	85°8′49.11″	8.4904	85°8′28.41″	8.5005	85°8′7.71″	8.5107	85°7′47.01″	8.5208
85°5′42.8″	8.5814	85°5′22.1″	8.5915	85°5′1.4″	8.6016	85°4′40.69″	8.6118	85°4′19.99″	8.6219
85°2′15.77″	8.6825	85°1′55.07″	6.8927	85°1′34.36″	8.7028	85°1′13.66″	8.7129	85°0′52.95″	8.7230
84°58′48.72″	8.7837	84°58′28.01″	8.7938	84°58′7.31″	8.8039	84°57′46.6″	8.8140	84°57′25.89″	8.8242
84°55′21.65″	8.8849	84°55′0.94″	8.8950	84°54′40.24″	8.9051	84°54′19.53″	8.9152	84°53′58.82″	8.9253
84°51′54.56″	8.9861	84°51′33.86″	8.9962	84°51′13.15″	9.0063	84°50′52.44″	9.0164	84°50′31.72″	9.0266
84°48′27.46″	9.0873	84°48′6.75″	9.0974	84°47′46.04″	9.1075	84°47′25.32″	9.1177	84°47′4.61″	9.1278
84°45′0.34″	9.1885	84°44′39.62″	9.1987	84°44′18.91″	9.2088	84°43′58.19″	9.2189	84°43′37.48″	9.2291
84°41′33.19″	9.2898	84°41′12.48″	9.3000	84°40′51.76″	9.3101	84°40′31.05″	9.3202	84°40′10.33″	9.3303

199

	0		1		2		3		4	
弦径比/%	交角度数	交角坡度/%	交角度数	交角坡度/%	交角度数	交角坡度/%	交角度数	交角坡度/%	交角度数	交角坡度/%
9.30	84°39′49.61″	9.3404	84°39′28.9″	9.3506	84°39′8.18″	9.3607	84°38′47.46″	9.3709	84°38′26.75″	9.3810
9.40	84°36′22.44″	9.4418	84°36′1.72″	9.4519	84°35′41″	9.4621	84°35′20.29″	9.4722	84°34′59.57″	9.4823
9.50	84°32′55.25″	9.5432	84°32′34.53″	9.5533	84°32′13.81″	9.5634	84°31′53.09″	9.5736	84°31′32.37″	9.5837
9.60	84°29′28.04″	9.6445	84°29′7.31″	9.6547	84°28′46.59″	9.6648	84°28′25.87″	9.6750	84°28′5.15″	9.6851
9.70	84°26′0.8″	9.7460	84°25′40.08″	9.7561	84°25′19.36″	9.7662	84°24′58.63″	9.7764	84°24′37.91″	9.7865
9.80	84°22′33.55″	9.8474	84°22′12.83″	9.8575	84°21′52.1″	9.8677	84°21′31.37″	9.8778	84°21′10.65″	9.8880
9.90	84°19′6.28″	9.9489	84°18′45.55″	9.9590	84°18′24.82″	9.9692	84°18′4.09″	9.9793	84°17′43.36″	9.9895
10.00	84°15′38.99″	10.0504	84°15′18.26″	10.0605	84°14′57.53″	10.0707	84°14′36.79″	10.0808	84°14′16.06″	10.0910
10.10	84°12′11.67″	10.1519	84°11′50.94″	10.1621	84°11′30.21″	10.1722	84°11′9.47″	10.1824	84°10′48.74″	10.1925
10.20	84°8′44.34″	10.2535	84°8′23.6″	10.2636	84°8′2.87″	10.2738	84°7′42.13″	10.2840	84°7′21.4″	10.2941
10.30	84°5′16.98″	10.3551	84°4′56.24″	10.3652	84°4′35.51″	10.3754	84°4′14.77″	10.3856	84°3′54.03″	10.3957
10.40	84°1′49.6″	10.4567	84°1′28.86″	10.4669	84°1′8.12″	10.4770	84°0′47.38″	10.4872	84°0′26.64″	10.4974
10.50	83°58′22.2″	10.5584	83°58′1.46″	10.5685	83°57′40.72″	10.5787	83°57′19.98″	10.5889	83°56′59.23″	10.5990
10.60	83°54′54.78″	10.6601	83°54′34.03″	10.6702	83°54′13.29″	10.6804	83°53′52.55″	10.6906	83°53′31.8″	10.7007
10.70	83°51′27.33″	10.7618	83°51′6.59″	10.7720	83°50′45.84″	10.7821	83°50′25.1″	10.7923	83°50′4.35″	10.8025
10.80	83°47′59.87″	10.8635	83°47′39.12″	10.8737	83°47′18.37″	10.8839	83°46′57.62″	10.8941	83°46′36.87″	10.9043
10.90	83°44′32.38″	10.9653	83°44′11.63″	10.9755	83°43′50.88″	10.9857	83°43′30.13″	10.9959	83°43′9.37″	11.0061
11.00	83°41′4.86″	11.0672	83°40′44.11″	11.0773	83°40′23.36″	11.0875	83°40′2.61″	11.0977	83°39′41.85″	11.1079
11.10	83°37′37.33″	11.1690	83°37′16.57″	11.1792	83°36′55.82″	11.1894	83°36′35.06″	11.1996	83°36′14.31″	11.2098
11.20	83°34′9.77″	11.2709	83°33′49.01″	11.2811	83°33′28.25″	11.2913	83°33′7.5″	11.3015	83°32′46.74″	11.3117
11.30	83°30′42.19″	11.3728	83°30′21.43″	11.3830	83°30′0.67″	11.3932	83°29′39.91″	11.4034	83°29′19.15″	11.4136
11.40	83°27′14.58″	11.4748	83°26′53.82″	11.4850	83°26′33.06″	11.4952	83°26′12.29″	11.5054	83°25′51.53″	11.5156
11.50	83°23′46.95″	11.5768	83°23′26.19″	11.5870	83°23′5.42″	11.5972	83°22′44.66″	11.6074	83°22′23.89″	11.6176
11.60	83°20′19.3″	11.6788	83°19′58.83″	11.6890	83°19′37.76″	11.6993	83°19′16.99″	11.7095	83°18′56.23″	11.7197
11.70	83°16′51.62″	11.7809	83°16′30.85″	11.7911	83°16′10.08″	11.8013	83°15′49.31″	11.8115	83°15′28.54″	11.8218
11.80	83°13′23.91″	11.8830	83°13′3.14″	11.8932	83°12′42.37″	11.9034	83°12′21.6″	11.9137	83°12′0.82″	11.9239
11.90	83°9′56.18″	11.9852	83°9′35.41″	11.9954	83°9′14.64″	12.0056	83°8′53.86″	12.0158	83°8′33.09″	12.0260
12.00	83°6′28.43″	12.0873	83°6′7.65″	12.0976	83°5′46.88″	12.1078	83°5′26.1″	12.1180	83°5′5.32″	12.1282
12.10	83°3′0.65″	12.1896	83°2′39.87″	12.1998	83°2′19.09″	12.2100	83°1′58.31″	12.2202	83°1′37.53″	12.2305
12.20	82°59′32.85″	12.2918	82°59′12.07″	12.3020	82°58′51.28″	12.3123	82°58′30.5″	12.3225	82°58′9.72″	12.3327
12.30	82°56′5.02″	12.3941	82°55′44.23″	12.4043	82°55′23.45″	12.4146	82°55′2.66″	12.4248	82°54′41.88″	12.4350
12.40	82°52′37.16″	12.4964	82°52′16.37″	12.5067	82°51′55.59″	12.5169	82°51′34.8″	12.5272	82°51′14.01″	12.5374
12.50	82°49′9.28″	12.5988	82°48′48.49″	12.6091	82°48′27.7″	12.6193	82°48′6.91″	12.6295	82°47′46.12″	12.6398
12.60	82°45′41.37″	12.7012	82°45′20.58″	12.7115	82°44′59.79″	12.7217	82°44′38.99″	12.7320	82°44′18.2″	12.7422
12.70	82°42′13.44″	12.8037	82°41′52.64″	12.8139	82°41′31.85″	12.8242	82°41′11.05″	12.8344	82°40′50.25″	12.8447

5		6		7		8		9	
交角度数	交角坡度/%	交角度数	交角坡度/%	交角度数	交角坡度/%	交角度数	交角坡度/%	交角度数	交角坡度/%
84°38′6.03″	9.3911	84°37′45.31″	9.4013	84°37′24.59″	9.4114	84°37′3.88″	9.4215	84°36′43.16″	9.4317
84°34′38.85″	9.4925	84°34′18.13″	9.5026	84°33′57.41″	9.5128	84°33′36.69″	9.5229	84°33′15.97″	9.5330
84°31′11.65″	9.5938	84°30′50.92″	9.6040	84°30′30.2″	9.6141	84°30′9.48″	9.6243	84°29′48.76″	9.6344
84°27′44.42″	9.6952	84°27′23.7″	9.7054	84°27′2.98″	9.7155	84°26′42.25″	9.7257	84°26′21.53″	9.7358
84°24′17.18″	9.7967	84°23′56.46″	9.8068	84°23′35.73″	9.8170	84°23′15″	9.8271	84°22′54.28″	9.8373
84°20′49.92″	9.8981	84°20′29.19″	9.9083	84°20′8.46″	9.9184	84°19′47.74″	9.9286	84°19′27.01″	9.9387
84°17′22.64″	9.9996	84°17′1.91″	10.0098	84°16′41.18″	10.0199	84°16′20.45″	10.0301	84°15′59.72″	10.0402
84°13′55.33″	10.1011	84°13′34.6″	10.1113	84°13′13.87″	10.1214	84°12′53.14″	10.1316	84°12′32.4″	10.1418
84°10′28.01″	10.2027	84°10′7.27″	10.2128	84°9′46.54″	10.2230	84°9′25.81″	10.2332	84°9′5.07″	10.2433
84°7′0.66″	10.3043	84°6′39.92″	10.3144	84°6′19.19″	10.3246	84°5′58.45″	10.3348	84°5′37.72″	10.3449
84°3′33.29″	10.4059	84°3′12.55″	10.4160	84°2′51.82″	10.4262	84°2′31.08″	10.4364	84°2′10.34″	10.4465
84°0′5.9″	10.5075	83°59′45.16″	10.5177	83°59′24.42″	10.5279	83°59′3.68″	10.5380	83°58′42.94″	10.5482
83°56′38.49″	10.6092	83°56′17.75″	10.6194	83°55′57.01″	10.6295	83°55′36.26″	10.6397	83°55′15.52″	10.6499
83°53′11.06″	10.7109	83°52′50.31″	10.7211	83°52′29.57″	10.7313	83°52′8.82″	10.7414	83°51′48.08″	10.7516
83°49′43.6″	10.8127	83°49′22.86″	10.8228	83°49′2.11″	10.8330	83°48′41.36″	10.8432	83°48′20.61″	10.8534
83°46′16.12″	10.9144	83°45′55.38″	10.9246	83°45′34.63″	10.9348	83°45′13.88″	10.9450	83°44′53.13″	10.9552
83°42′48.62″	11.0162	83°42′27.87″	11.0264	83°42′7.12″	11.0366	83°41′46.37″	11.0468	83°41′25.62″	11.0570
83°39′21.1″	11.1181	83°39′0.35″	11.1283	83°38′39.59″	11.1385	83°38′18.84″	11.1486	83°37′58.08″	11.1588
83°35′53.55″	11.2200	83°35′32.8″	11.2302	83°35′12.04″	11.2403	83°34′51.28″	11.2505	83°34′30.53″	11.2607
83°32′25.98″	11.3219	83°32′5.22″	11.3321	83°31′44.46″	11.3423	83°31′23.7″	11.3525	83°31′2.95″	11.3626
83°28′58.39″	11.4238	83°28′37.63″	11.4340	83°28′16.86″	11.4442	83°27′56.1″	11.4544	83°27′35.34″	11.4646
83°25′30.77″	11.5258	83°25′10″	11.5360	83°24′49.24″	11.5462	83°24′28.48″	11.5564	83°24′7.71″	11.5666
83°22′3.13″	11.6278	83°21′42.36″	11.6380	83°21′21.59″	11.6482	83°21′0.83″	11.6584	83°20′40.06″	11.6686
83°18′35.46″	11.7299	83°18′14.69″	11.7401	83°17′53.92″	11.7503	83°17′33.15″	11.7605	83°17′12.39″	11.7707
83°15′7.77″	11.8320	83°14′47″	11.8422	83°14′26.23″	11.8524	83°14′5.46″	11.8626	83°13′44.68″	11.8728
83°11′40.05″	11.9341	83°11′19.28″	11.9443	83°10′58.51″	11.9545	83°10′37.73″	11.9647	83°10′16.96″	11.9749
83°8′12.31″	12.0362	83°7′51.54″	12.0465	83°7′30.76″	12.0567	83°7′9.98″	12.0669	83°6′49.21″	12.0771
83°4′44.54″	12.1384	83°4′23.77″	12.1487	83°4′2.99″	12.1589	83°3′42.21″	12.1691	83°3′21.43″	12.1793
83°1′16.75″	12.2407	83°0′55.97″	12.2509	83°0′35.19″	12.2611	83°0′14.41″	12.2714	82°59′53.63″	12.2816
82°57′48.94″	12.3430	82°57′28.15″	12.3532	82°57′7.37″	12.3634	82°56′46.59″	12.3737	82°56′25.8″	12.3839
82°54′21.09″	12.4453	82°54′0.31″	12.4555	82°53′39.52″	12.4657	82°53′18.73″	12.4760	82°52′57.95″	12.4862
82°50′53.22″	12.5476	82°50′32.44″	12.5579	82°50′11.65″	12.5681	82°49′50.86″	12.5783	82°49′30.07″	12.5886
82°47′25.33″	12.6500	82°47′4.54″	12.6603	82°46′43.75″	12.6705	82°46′22.95″	12.6807	82°46′2.16″	12.6910
82°43′57.41″	12.7524	82°43′36.61″	12.7627	82°43′15.82″	12.7729	82°42′55.02″	12.7832	82°42′34.23″	12.7934
82°40′29.46″	12.8549	82°40′8.66″	12.8652	82°39′47.86″	12.8754	82°39′27.07″	12.8857	82°39′6.27″	12.8959

弦径比/%	0		1		2		3		4	
	交角度数	交角坡度/%	交角度数	交角坡度/%	交角度数	交角坡度/%	交角度数	交角坡度/%	交角度数	交角坡度/%
12.80	82°38′45.47″	12.9062	82°38′24.68″	12.9164	82°38′3.88″	12.9267	82°37′43.08″	12.9369	82°37′22.28″	12.9472
12.90	82°35′17.48″	13.0087	82°34′56.68″	13.0189	82°34′35.88″	13.0292	82°34′15.08″	13.0395	82°33′54.28″	13.0497
13.00	82°31′49.47″	13.1113	82°31′28.66″	13.1215	82°31′7.86″	13.1318	82°30′47.06″	13.1420	82°30′26.25″	13.1523
13.10	82°28′21.42″	13.2139	82°28′0.62″	13.2241	82°27′39.81″	13.2344	82°27′19.01″	13.2447	82°26′58.2″	13.2549
13.20	82°24′53.35″	13.3165	82°24′32.54″	13.3268	82°24′11.73″	13.3371	82°23′50.93″	13.3473	82°23′30.12″	13.3576
13.30	82°21′25.25″	13.4192	82°21′4.44″	13.4295	82°20′43.63″	13.4398	82°20′22.82″	13.4500	82°20′2″	13.4603
13.40	82°17′57.12″	13.5219	82°17′36.31″	13.5322	82°17′15.5″	13.5425	82°16′54.68″	13.5528	82°16′33.87″	13.5631
13.50	82°14′28.97″	13.6247	82°14′8.15″	13.6350	82°13′47.33″	13.6453	82°13′26.52″	13.6556	82°13′5.7″	13.6658
13.60	82°11′0.78″	13.7275	82°10′39.96″	13.7378	82°10′19.14″	13.7481	82°9′58.32″	13.7584	82°9′37.5″	13.7687
13.70	82°7′32.57″	13.8304	82°7′11.75″	13.8407	82°6′50.92″	13.8510	82°6′30.1″	13.8613	82°6′9.28″	13.8716
13.80	82°4′4.33″	13.9333	82°3′43.5″	13.9436	82°3′22.68″	13.9539	82°3′1.85″	13.9642	82°2′41.02″	13.9745
13.90	82°0′36.06″	14.0363	82°0′15.23″	14.0466	81°59′54.4″	14.0569	81°59′33.57″	14.0672	81°59′12.74″	14.0775
14.00	81°57′7.75″	14.1393	81°56′46.92″	14.1496	81°56′26.09″	14.1599	81°56′2.26″	14.1702	81°55′44.42″	14.1805
14.10	81°53′39.42″	14.2423	81°53′18.59″	14.2526	81°52′57.75″	14.2629	81°52′36.92″	14.2732	81°52′16.08″	14.2835
14.20	81°50′11.06″	14.3454	81°49′50.22″	14.3557	81°49′29.39″	14.3660	81°49′8.55″	14.3763	81°48′47.71″	14.3866
14.30	81°46′42.67″	14.4485	81°46′21.83″	14.4588	81°46′0.99″	14.4691	81°45′40.15″	14.4794	81°45′19.3″	14.4898
14.40	81°43′14.25″	14.5517	81°42′53.4″	14.5620	81°42′32.56″	14.5723	81°42′11.71″	14.5826	81°41′50.87″	14.5929
14.50	81°39′45.79″	14.6549	81°39′24.95″	14.6652	81°39′4.1″	14.6755	81°38′43.25″	14.6859	81°38′22.41″	14.6962
14.60	81°36′17.31″	14.7581	81°35′56.46″	14.7685	81°35′35.61″	14.7788	81°35′14.76″	14.7891	81°34′53.91″	14.7995
14.70	81°32′48.8″	14.8614	81°32′27.94″	14.8718	81°32′7.09″	14.8821	81°31′46.24″	14.8924	81°31′25.38″	14.9028
14.80	81°29′20.25″	14.9648	81°28′59.39″	14.9751	81°28′38.54″	14.9855	81°28′17.68″	14.9958	81°27′56.82″	15.0062
14.90	81°25′51.67″	15.0682	81°25′30.81″	15.0785	81°25′9.95″	15.0889	81°24′49.09″	15.0992	81°24′28.23″	15.1096
15.00	81°22′23.06″	15.1717	81°22′2.2″	15.1820	81°21′41.34″	15.1923	81°21′20.48″	15.2027	81°20′59.61″	15.2130
15.10	81°18′54.42″	15.2751	81°18′33.56″	15.2855	81°18′12.69″	15.2959	81°17′51.82″	15.3062	81°17′30.96″	15.3166
15.20	81°15′25.75″	15.3787	81°15′4.88″	15.3890	81°14′44.01″	15.3994	81°14′23.14″	15.4098	81°14′2.27″	15.4201
15.30	81°11′57.04″	15.4823	81°11′36.17″	15.4926	81°11′15.3″	15.5030	81°10′54.43″	15.5134	81°10′33.55″	15.5237
15.40	81°8′28.31″	15.5859	81°8′7.43″	15.5963	81°7′46.55″	15.6067	81°7′25.68″	15.6170	81°7′4.8″	15.6274
15.50	81°4′59.53″	15.6896	81°4′38.65″	15.7000	81°4′17.78″	15.7104	81°3′56.9″	15.7207	81°3′36.02″	15.7311
15.60	81°1′30.73″	15.7934	81°1′9.85″	15.8037	81°0′48.96″	15.8141	81°0′28.08″	15.8245	81°0′7.2″	15.8349
15.70	80°58′1.89″	15.8971	80°57′41″	15.9075	80°57′20.12″	15.9179	80°56′59.23″	15.9283	80°56′38.35″	15.9387
15.80	80°54′33.02″	16.0010	80°54′12.13″	16.0114	80°53′51.24″	16.0218	80°53′30.35″	16.0321	80°53′9.46″	16.0425
15.90	80°51′4.11″	16.1049	80°50′43.22″	16.1153	80°50′22.33″	16.1257	80°50′1.43″	16.1361	80°49′40.54″	16.1464
16.00	80°47′35.17″	16.2088	80°47′14.28″	16.2192	80°46′53.38″	16.2296	80°46′32.49″	16.2400	80°46′11.59″	16.2504
16.10	80°44′6.2″	16.3128	80°43′45.3″	16.3232	80°43′24.4″	16.3336	80°43′3.5″	16.3440	80°42′42.6″	16.3544
16.20	80°40′37.19″	16.4169	80°40′16.29″	16.4273	80°39′55.39″	16.4377	80°39′34.48″	16.4481	80°39′13.58″	16.4585

5		6		7		8		9	
交角度数	交角坡度/%	交角度数	交角坡度/%	交角度数	交角坡度/%	交角度数	交角坡度/%	交角度数	交角坡度/%
82°37′1.48″	12.9574	82°36′40.68″	12.9677	82°36′19.88″	12.9779	82°35′59.08″	12.9882	82°35′38.28″	12.9984
82°33′33.48″	13.0600	82°33′12.68″	13.0702	82°32′51.88″	13.0805	82°32′31.07″	13.0907	82°32′10.27″	13.1010
82°30′5.45″	13.1626	82°29′44.64″	13.1728	82°29′23.84″	13.1831	82°29′3.03″	13.1933	82°28′42.23″	13.2036
82°26′37.39″	13.2652	82°26′16.58″	13.2755	82°25′55.78″	13.2857	82°25′34.97″	13.2960	82°25′14.16″	13.3063
82°23′9.31″	13.3679	82°22′48.5″	13.3781	82°22′27.69″	13.3884	82°22′6.87″	13.3987	82°21′46.06″	13.4089
82°19′41.19″	13.1706	82°19′20.38″	13.4809	82°18′59.57″	13.4911	82°18′38.75″	13.5014	82°18′17.94″	13.5117
82°16′13.05″	13.5733	82°15′52.23″	13.5836	82°15′31.42″	13.5939	82°15′10.6″	13.6042	82°14′49.79″	13.6144
82°12′44.88″	13.6761	82°12′24.06″	13.6864	82°12′3.24″	13.6967	82°11′42.42″	13.7070	82°11′21.6″	13.7173
82°9′16.68″	13.7790	82°8′55.86″	13.7893	82°8′35.04″	13.7995	82°8′14.21″	13.8098	82°7′53.39″	13.8201
82°5′48.45″	13.8819	82°5′27.63″	13.8921	82°5′6.8″	13.9024	82°4′45.98″	13.9127	82°4′25.15″	13.9230
82°2′20.19″	13.9848	82°1′59.37″	13.9951	82°1′38.54″	14.0054	82°1′17.71″	14.0157	82°0′56.88″	14.0260
81°58′51.91″	14.0877	81°58′31.08″	14.0980	81°58′10.25″	14.1083	81°57′49.42″	14.1186	81°57′28.59″	14.1289
81°55′23.59″	14.1908	81°55′2.76″	14.2011	81°54′41.92″	14.2114	81°54′21.09″	14.2217	81°54′0.26″	14.2320
81°51′55.25″	14.2938	81°51′34.41″	14.3041	81°51′13.57″	14.3144	81°50′52.74″	14.3247	81°50′31.9″	14.3351
81°48′26.87″	14.3969	81°48′3.03″	14.4072	81°47′45.19″	14.4175	81°47′24.35″	14.4279	81°47′3.51″	14.4382
81°44′58.46″	14.5001	81°44′37.62″	14.5104	81°44′16.78″	14.5207	81°43′55.93″	14.5310	81°43′35.09″	14.5413
81°41′30.03″	14.6033	81°41′9.18″	14.6136	81°40′48.33″	14.6239	81°40′27.49″	14.6342	81°40′6.64″	14.6446
81°38′1.56″	14.7065	81°37′40.71″	14.7168	81°37′19.86″	14.7272	81°36′59.01″	14.7375	81°36′38.16″	14.7478
81°34′33.06″	14.8098	81°34′12.21″	14.8201	81°33′51.35″	14.8305	81°33′30.5″	14.8408	81°33′6.65″	14.8511
81°31′4.53″	14.9131	81°30′43.67″	14.9235	81°30′22.82″	14.9338	81°30′1.96″	14.9441	81°29′41.11″	14.9545
81°27′35.97″	15.0165	81°27′15.11″	15.0268	81°26′54.25″	15.0372	81°26′33.39″	15.0475	81°26′12.53″	15.0579
81°24′7.37″	15.1199	81°23′46.51″	15.1303	81°23′25.65″	15.1406	81°23′4.79″	15.1510	81°22′43.93″	15.1613
81°20′38.75″	15.2234	81°20′17.88″	15.2337	81°19′57.02″	15.2441	81°19′36.15″	15.2544	81°19′15.29″	15.2648
81°17′10.09″	15.3269	81°16′49.22″	15.3373	81°16′28.36″	15.3476	81°16′7.49″	15.3580	81°15′46.62″	15.3683
81°13′41.4″	15.4305	81°13′20.53″	15.4408	81°12′59.66″	15.4512	81°12′38.79″	15.4616	81°12′17.92″	15.4719
81°10′12.68″	15.5341	81°9′51.8″	15.5445	81°9′30.93″	15.5548	81°9′10.06″	15.5652	81°8′49.18″	15.5756
81°6′43.92″	15.6378	81°6′23.05″	15.6481	81°6′2.17″	15.6585	81°5′41.29″	15.6689	81°5′20.41″	15.6792
81°3′15.14″	15.7415	81°2′54.25″	15.7519	81°2′33.37″	15.7622	81°2′12.49″	15.7726	81°1′51.61″	15.7830
80°59′46.31″	15.8452	80°59′25.43″	15.8556	80°59′4.55″	15.8660	80°58′43.66″	15.8764	80°58′22.78″	15.8868
80°56′17.46″	15.9491	80°55′56.57″	15.9594	80°55′35.68″	15.9698	80°55′14.8″	15.9802	80°54′53.91″	15.9906
80°52′48.57″	16.0529	80°52′27.68″	16.0633	80°52′6.79″	16.0737	80°51′45.9″	16.0841	80°51′25.01″	16.0945
80°49′19.65″	16.1568	80°48′58.75″	16.1672	80°48′37.86″	16.1776	80°48′16.96″	16.1880	80°47′56.07″	16.1984
80°45′50.69″	16.2608	80°45′29.79″	16.2712	80°45′8.9″	16.2816	80°44′48″	16.2920	80°44′27.1″	16.3024
80°42′21.7″	16.3648	80°42′0.8″	16.3752	80°41′39.9″	16.3856	80°41′19″	16.3960	80°40′58.09″	16.4064
80°38′52.67″	16.4689	80°38′31.77″	16.4793	80°38′10.86″	16.4897	80°37′49.96″	16.5001	80°37′29.05″	16.5105

弦径比/%	0		1		2		3		4	
	交角度数	交角坡度/%	交角度数	交角坡度/%	交角度数	交角坡度/%	交角度数	交角坡度/%	交角度数	交角坡度/%
16.30	80°37′8.15″	16.5210	80°36′47.24″	16.5314	80°36′26.33″	16.5418	80°36′5.43″	16.5522	80°35′44.52″	16.5626
16.40	80°33′37.07″	16.6251	80°33′18.16″	16.6355	80°32′57.25″	16.6459	80°32′36.34″	16.6564	80°32′15.43″	16.6668
16.50	80°30′9.96″	16.7293	80°29′49.04″	16.7397	80°29′28.13″	16.7501	80°29′7.21″	16.7606	80°28′46.3″	16.7710
16.60	80°26′40.81″	16.8336	80°26′19.89″	16.8640	80°25′58.97″	16.8544	80°25′38.06″	16.8648	80°25′17.14″	16.8753
16.70	80°23′11.62″	16.9379	80°22′50.7″	16.9483	80°22′29.78″	16.9587	80°22′8.86″	16.9692	80°21′47.94″	16.9796
16.80	80°19′42.4″	17.0422	80°19′21.48″	17.0527	80°19′0.55″	17.0631	80°18′39.63″	17.0735	80°18′18.7″	17.0840
16.90	80°16′13.14″	17.1466	80°15′52.22″	17.1571	80°15′31.29″	17.1675	80°15′10.36″	17.1780	80°14′49.43″	17.1884
17.00	80°12′43.85″	17.2511	80°12′22.92″	17.2616	80°12′1.99″	17.2720	80°11′41.06″	17.2825	80°11′20.12″	17.2929
17.10	80°9′14.52″	17.3556	80°8′53.59″	17.3661	80°8′32.65″	17.3765	80°8′11.72″	17.3870	80°7′50.78″	17.3975
17.20	80°5′45.15″	17.4602	80°5′24.22″	17.4707	80°5′3.28″	17.4811	80°4′42.34″	17.4916	80°4′21.4″	17.5021
17.30	80°2′15.75″	17.5648	80°1′54.81″	17.5753	80°1′33.87″	17.5858	80°1′12.92″	17.5962	80°0′51.98″	17.6067
17.40	79°58′46.31″	17.6695	79°58′25.36″	17.6800	79°58′4.42″	17.6905	79°57′43.47″	17.7010	79°57′22.52″	17.7114
17.50	79°55′16.83″	17.7743	79°54′55.88″	17.7848	79°54′34.93″	17.7952	79°54′13.98″	17.8057	79°53′53.03″	17.8162
17.60	79°51′47.31″	17.8791	79°51′26.36″	17.8896	79°51′5.41″	17.9001	79°50′44.45″	17.9105	79°50′23.5″	17.9210
17.70	79°48′17.76″	17.9840	79°47′56.8″	17.9944	79°47′35.84″	18.0049	79°47′14.89″	18.0154	79°46′53.93″	18.0259
17.80	79°44′48.17″	18.0889	79°44′27.21″	18.0994	79°44′6.24″	18.1099	79°43′45.28″	18.1204	79°43′24.32″	18.1309
17.90	79°41′18.53″	18.1938	79°40′57.57″	18.2043	79°40′36.6″	18.2148	79°40′15.64″	18.2254	79°39′54.67″	18.2359
18.00	79°37′48.86″	18.2989	79°37′27.9″	18.3094	79°37′6.93″	18.3199	79°36′45.96″	18.3304	79°36′24.99″	18.3409
18.10	79°34′19.16″	18.4040	79°33′58.18″	18.4145	79°33′37.21″	18.4250	79°33′16.23″	18.4355	79°32′55.26″	18.4460
18.20	79°30′49.41″	18.5091	79°30′28.43″	18.5196	79°30′7.45″	18.5302	79°29′46.47″	18.5407	79°29′25.5″	18.5512
18.30	79°27′19.62″	18.6143	79°26′58.64″	18.6249	79°26′37.66″	18.6354	79°26′16.67″	18.6459	79°25′55.69″	18.6564
18.40	79°23′49.79″	18.7196	79°23′28.81″	18.7301	79°23′7.82″	18.7407	79°22′46.83″	18.7512	79°22′25.85″	18.7617
18.50	79°20′19.92″	18.8249	79°19′58.93″	18.8355	79°19′37.95″	18.8460	79°19′16.96″	18.8566	79°18′55.97″	18.8671
18.60	79°16′50.02″	18.9303	79°16′29.02″	18.9409	79°16′8.03″	18.9514	79°15′47.04″	18.9620	79°15′26.04″	18.9725
18.70	79°13′20.07″	19.0358	79°12′59.07″	19.0463	79°12′38.07″	19.0569	79°12′17.07″	19.0674	79°11′56.08″	19.0780
18.80	79°9′50.08″	19.1413	79°9′29.08″	19.1519	79°9′8.08″	19.1624	79°8′47.07″	19.1730	79°8′26.07″	19.1835
18.90	79°6′20.05″	19.2469	79°5′59.04″	19.2574	79°5′38.04″	19.2680	79°5′17.03″	19.2786	79°4′56.02″	19.2891
19.00	79°2′49.98″	19.3525	79°2′28.97″	19.3631	79°2′7.96″	19.3737	79°1′46.95″	19.3842	79°1′25.94″	19.3948
19.10	78°59′19.86″	19.4582	78°58′58.85″	19.4688	78°58′37.84″	19.4794	78°58′16.82″	19.4899	78°57′55.81″	19.5005
19.20	78°55′49.71″	19.5640	78°55′28.69″	19.5746	78°55′7.67″	19.5851	78°54′46.66″	19.5957	78°54′25.64″	19.6063
19.30	78°52′19.51″	19.6698	78°51′58.49″	19.6804	78°51′37.47″	19.6910	78°51′16.45″	19.7016	78°50′55.42″	19.7122
19.40	78°48′49.28″	19.7757	78°48′28.25″	19.7863	78°48′7.22″	19.7969	78°47′46.2″	19.8075	78°47′25.17″	19.8181
19.50	78°45′19″	19.8817	78°44′57.96″	19.8923	78°44′36.93″	19.9029	78°44′15.9″	19.9135	78°43′54.87″	19.9241
19.60	78°41′48.67″	19.9877	78°41′27.64″	19.9983	78°41′6.6″	20.0089	78°40′45.57″	20.0195	78°40′24.53″	20.0301
19.70	78°38′18.31″	20.0938	78°37′57.27″	20.1044	78°37′36.23″	20.1150	78°37′15.19″	20.1256	78°36′54.15″	20.1362

5		6		7		8		9	
交角度数	交角坡度/%	交角度数	交角坡度/%	交角度数	交角坡度/%	交角度数	交角坡度/%	交角度数	交角坡度/%
80°35′23.61″	16.5730	80°35′2.71″	16.5834	80°34′41.8″	16.5938	80°34′20.89″	16.6043	80°33′59.98″	16.6147
80°31′54.52″	16.6772	80°31′33.61″	16.6876	80°31′12.69″	16.6980	80°30′51.78″	16.7085	80°30′30.87″	16.7189
80°28′25.39″	16.7814	80°28′4.47″	16.7918	80°27′43.56″	16.8023	80°27′22.64″	16.8127	80°27′1.72″	16.8231
80°24′56.22″	16.8857	80°24′35.3″	16.8961	80°24′14.38″	16.9066	80°23′53.46″	16.9170	80°23′32.54″	16.9274
80°21′27.02″	16.9900	80°21′6.09″	17.0005	80°20′45.17″	17.0109	80°20′24.25″	17.0213	80°20′3.33″	17.0318
80°17′57.78″	17.0944	80°17′36.85″	17.1049	80°17′15.93″	17.1153	80°16′55″	17.1257	80°16′34.07″	17.1362
80°14′28.5″	17.1989	80°14′7.57″	17.2093	80°13′46.64″	17.2198	80°13′25.71″	17.2302	80°13′4.78″	17.2407
80°10′59.19″	17.3034	80°10′38.26″	17.3138	80°10′17.32″	17.3243	80°9′56.39″	17.3347	80°9′35.46″	17.3452
80°7′29.84″	17.4079	80°7′8.91″	17.4184	80°6′47.97″	17.4288	80°6′27.03″	17.4393	80°6′3.09″	17.4497
80°4′0.46″	17.5125	80°3′39.52″	17.5230	80°3′18.58″	17.5334	80°2′57.63″	17.5439	80°2′36.69″	17.5544
80°0′31.03″	17.6172	80°0′10.09″	17.6277	79°59′49.15″	17.6381	79°59′28.2″	17.6486	79°59′7.26″	17.6591
79°57′1.57″	17.7219	79°56′40.63″	17.7324	79°56′19.68″	17.7429	79°55′58.73″	17.7533	79°55′37.78″	17.7638
79°53′32.08″	17.8267	79°53′11.13″	17.8372	79°52′50.17″	17.8476	79°52′29.22″	17.8581	79°52′8.27″	17.8686
79°50′2.54″	17.9315	79°49′41.59″	17.9420	79°49′20.63″	17.9525	79°48′59.67″	17.9630	79°48′38.72″	17.9735
79°46′32.97″	18.0364	79°46′12.01″	18.0469	79°45′51.05″	18.0574	79°45′30.09″	18.0679	79°45′9.13″	18.0784
79°43′3.36″	18.1414	79°42′42.39″	18.1518	79°42′21.43″	18.1623	79°42′0.46″	18.1728	79°41′39.5″	18.1833
79°39′33.7″	18.2464	79°39′12.74″	18.2569	79°38′51.77″	18.2674	79°38′30.8″	18.2779	79°38′9.83″	18.2884
79°36′4.01″	18.3514	79°35′43.04″	18.3619	79°35′22.07″	18.3724	79°35′1.1″	18.3830	79°34′40.13″	18.3935
79°32′34.29″	18.4565	79°32′13.31″	18.4671	79°31′52.34″	18.4776	79°31′31.36″	18.4881	79°31′10.38″	18.4986
79°29′4.52″	18.5617	79°28′43.54″	18.5722	79°28′22.56″	18.5828	79°28′1.58″	18.5933	79°27′40.6″	18.6038
79°25′34.71″	18.6670	79°25′13.73″	18.6775	79°24′52.74″	18.6880	79°24′31.76″	18.6986	79°24′10.78″	18.7091
79°22′4.86″	18.7723	79°21′43.88″	18.7828	79°21′22.89″	18.7933	79°21′1.9″	18.8039	79°20′40.91″	18.8144
79°18′34.97″	18.8776	79°18′13.98″	18.8882	79°17′52.99″	18.8987	79°17′32″	18.9093	79°17′11.01″	18.9187
79°15′5.05″	18.9831	79°14′44.05″	18.9936	79°14′23.06″	19.0042	79°14′2.06″	19.0147	79°13′41.06″	19.0252
79°11′35.08″	19.0885	79°11′14.08″	19.0991	79°10′53.08″	19.1096	79°10′32.08″	19.1202	79°10′11.08″	19.1308
79°8′5.07″	19.1941	79°7′44.06″	19.2046	79°7′23.06″	19.2152	79°7′2.06″	19.2258	79°6′41.05″	19.2363
79°4′35.02″	19.2997	79°4′14.01″	19.3103	79°3′53″	19.3208	79°3′31.99″	19.3314	79°3′10.99″	19.3420
79°1′4.93″	19.4054	79°0′43.91″	19.4159	79°0′22.9″	19.4265	79°0′1.89″	19.4371	78°59′40.88″	19.4477
78°57′34.79″	19.5111	78°57′13.78″	19.5217	78°56′52.76″	19.5323	78°56′31.74″	19.5428	78°56′10.73″	19.5534
78°54′4.62″	19.6169	78°53′43.6″	19.6275	78°53′22.58″	19.6381	78°53′1.56″	19.6486	78°52′40.54″	19.6592
78°50′34.4″	19.7228	78°50′13.38″	19.7333	78°49′52.35″	19.7439	78°49′31.33″	19.7545	78°49′10.3″	19.7651
78°47′4.14″	19.8287	78°46′43.11″	19.8393	78°46′22.08″	19.8499	78°46′1.05″	19.8605	78°45′40.03″	19.8711
78°43′33.84″	19.9347	78°43′12.81″	19.9453	78°42′51.77″	19.9559	78°42′30.74″	19.9665	78°42′9.71″	19.9771
78°40′3.49″	20.0407	78°39′42.46″	20.0513	78°39′21.42″	20.0619	78°39′0.38″	20.0725	78°38′39.34″	20.0832
78°36′33.11″	20.1468	78°36′12.07″	20.1574	78°35′51.02″	20.1681	78°35′29.98″	20.1787	78°35′8.94″	20.1893

弦径比/%	0 交角度数	交角坡度/%	1 交角度数	交角坡度/%	2 交角度数	交角坡度/%	3 交角度数	交角坡度/%	4 交角度数	交角坡度/%
19.80	78°34′47.9″	20.1999	78°34′26.85″	20.2105	78°34′5.81″	20.2212	78°33′44.77″	20.2318	78°33′23.72″	20.2424
19.90	78°31′17.44″	20.3061	78°30′56.4″	20.3168	78°30′35.35″	20.3274	78°30′14.3″	20.3380	78°29′53.25″	20.3486
20.00	78°27′46.95″	20.4124	78°27′25.9″	20.4230	78°27′4.84″	20.4337	78°26′43.79″	20.4443	78°26′22.74″	20.4549
20.10	78°24′16.41″	20.5188	78°23′55.35″	20.5294	78°23′34.29″	20.5400	78°23′13.24″	20.5507	78°22′52.18″	20.5613
20.20	78°20′45.82″	20.6252	78°20′24.76″	20.6358	78°20′3.7″	20.6465	78°19′42.64″	20.6571	78°19′21.58″	20.6678
20.30	78°17′15.19″	20.7317	78°16′54.13″	20.7423	78°16′33.06″	20.7530	78°16′12″	20.7636	78°15′50.93″	20.7743
20.40	78°13′44.52″	20.8382	78°13′23.45″	20.8489	78°13′2.38″	20.8595	78°12′41.31″	20.8702	78°12′20.24″	20.8808
20.50	78°10′13.8″	20.9448	78°9′52.73″	20.9555	78°9′31.65″	20.9662	78°9′10.58″	20.9768	78°8′49.5″	20.9875
20.60	78°6′43.04″	21.0515	78°6′21.96″	21.0622	78°6′0.88″	21.0729	78°5′39.8″	21.0835	78°5′18.72″	21.0942
20.70	78°3′12.23″	21.1583	78°2′51.15″	21.1689	78°2′30.06″	21.1796	78°2′8.98″	21.1903	78°1′47.9″	21.2010
20.80	77°59′41.38″	21.2651	77°59′20.29″	21.2758	77°58′59.2″	21.2865	77°58′38.11″	21.2972	77°58′17.02″	21.3078
20.90	77°56′10.48″	21.3720	77°55′49.39″	21.3828	77°55′28.29″	21.3934	77°55′7.2″	21.4041	77°54′46.11″	21.4148
21.00	77°52′39.53″	21.4790	77°52′18.43″	21.4897	77°51′57.34″	21.5004	77°51′36.24″	21.5111	77°51′15.14″	21.5218
21.10	77°49′8.54″	21.5860	77°48′47.44″	21.5967	77°48′26.34″	21.6074	77°48′5.23″	21.6181	77°47′44.13″	21.6288
21.20	77°45′37.5″	21.6931	77°45′16.39″	21.7038	77°44′55.29″	21.7145	77°44′34.18″	21.7252	77°44′13.07″	21.7360
21.30	77°42′6.41″	21.8003	77°41′45.3″	21.8110	77°41′24.19″	21.8217	77°41′3.08″	21.8324	77°40′41.97″	21.8432
21.40	77°38′35.28″	21.9075	77°38′14.17″	21.9182	77°37′53.05″	21.9290	77°37′31.93″	21.9397	77°37′10.82″	21.9500
21.50	77°35′4.1″	22.0148	77°34′42.98″	22.0256	77°34′21.86″	22.0363	77°34′0.74″	22.0470	77°33′39.62″	22.0578
21.60	77°31′32.87″	22.1222	77°31′11.75″	22.1330	77°30′50.62″	22.1437	77°30′29.5″	22.1545	77°30′8.37″	22.1652
21.70	77°28′1.6″	22.2297	77°27′40.47″	22.2404	77°27′19.34″	22.2512	77°26′58.21″	22.2620	77°26′37.07″	22.2727
21.80	77°24′30.27″	22.3372	77°24′9.14″	22.3480	77°23′48″	22.3588	77°23′26.87″	22.3695	77°23′5.73″	22.3803
21.90	77°20′58.9″	22.4449	77°20′37.76″	22.4556	77°20′16.62″	22.4664	77°19′55.48″	22.4772	77°19′34.34″	22.4879
22.00	77°17′27.48″	22.5525	77°17′6.34″	22.5633	77°16′45.19″	22.5741	77°16′24.05″	22.5849	77°16′2.9″	22.5956
22.10	77°13′56.01″	22.6603	77°13′34.86″	22.6711	77°13′13.71″	22.6819	77°12′52.56″	22.6926	77°12′31.41″	22.7034
22.20	77°10′24.49″	22.7681	77°10′3.34″	22.7789	77°9′42.18″	22.7897	77°9′21.03″	22.8005	77°8′59.87″	22.8113
22.30	77°6′52.92″	22.8761	77°6′31.76″	22.8869	77°6′10.6″	22.8976	77°5′49.44″	22.9084	77°5′28.28″	22.9192
22.40	77°3′21.31″	22.9840	77°3′0.14″	22.9948	77°2′38.98″	23.0057	77°2′17.81″	23.0165	77°1′56.65″	23.0273
22.50	76°59′49.64″	23.0921	76°59′28.47″	23.1029	76°59′7.3″	23.1137	76°58′46.13″	23.1245	76°58′24.96″	23.1354
22.60	76°56′17.92″	23.2003	76°55′56.75″	23.2111	76°55′35.57″	23.2219	76°55′14.4″	23.2327	76°54′53.22″	23.2435
22.70	76°52′46.15″	23.3085	76°52′24.97″	23.3193	76°52′3.79″	23.3301	76°51′42.61″	23.3410	76°51′21.43″	23.3518
22.80	76°49′14.33″	23.4168	76°48′53.15″	23.4276	76°48′31.96″	23.4384	76°48′10.78″	23.4493	76°47′49.59″	23.4601
22.90	76°45′42.46″	23.5251	76°45′21.27″	23.5360	76°45′0.08″	23.5468	76°44′38.89″	23.5577	76°44′17.7″	23.5685
23.00	76°42′10.54″	23.6336	76°41′49.35″	23.6445	76°41′28.15″	23.6553	76°41′6.96″	23.6662	76°40′45.76″	23.6770
23.10	76°38′38.57″	23.7421	76°38′17.37″	23.7530	76°37′56.17″	23.7639	76°37′34.97″	23.7747	76°37′13.77″	23.7856
23.20	76°35′6.54″	23.8507	76°34′45.34″	23.8616	76°34′24.13″	23.8725	76°34′2.93″	23.8833	76°33′41.72″	23.8942

交角度数 (5)	交角坡度/%	交角度数 (6)	交角坡度/%	交角度数 (7)	交角坡度/%	交角度数 (8)	交角坡度/%	交角度数 (9)	交角坡度/%
78°33′2.68″	20.2530	78°32′41.63″	20.2636	78°32′20.58″	20.2743	78°31′59.54″	20.2849	78°31′38.49″	20.2955
78°29′32.2″	20.3593	78°29′11.15″	20.3699	78°28′50.1″	20.3805	78°28′29.05″	20.3912	78°28′8″	20.4018
78°26′1.68″	20.4656	78°25′40.63″	20.4762	78°25′19.57″	20.4869	78°24′58.52″	20.4975	78°24′37.46″	20.5081
78°22′31.12″	20.5720	78°22′10.06″	20.5826	78°21′49″	20.5932	78°21′27.94″	20.6039	78°21′6.88″	20.6145
78°19′0.51″	20.6784	78°18′39.45″	20.6891	78°18′18.39″	20.6997	78°17′57.32″	20.7104	78°17′36.26″	20.7210
78°15′29.86″	20.7849	78°15′8.8″	20.7956	78°14′47.73″	20.8062	78°14′26.66″	20.8169	78°14′5.59″	20.8276
78°11′59.17″	20.8915	78°11′38.1″	20.9022	78°11′17.02″	20.9128	78°10′55.95″	20.9235	78°10′34.88″	20.9342
78°8′28.43″	20.9982	78°8′7.35″	21.0088	78°7′46.27″	21.0195	78°7′25.2″	21.0302	78°7′4.12″	21.0408
78°4′57.64″	21.1049	78°4′36.56″	21.1156	78°4′15.48″	21.1262	78°3′54.4″	21.1369	78°3′33.31″	21.1476
78°1′26.81″	21.2117	78°1′5.72″	21.2224	78°0′44.64″	21.2330	78°0′23.55″	21.2437	78°0′2.47″	21.2544
77°57′55.93″	21.3185	77°57′34.84″	21.3292	77°57′13.75″	21.3399	77°56′52.66″	21.3506	77°56′31.57″	21.3613
77°54′25.01″	21.4255	77°54′3.92″	21.4362	77°53′42.82″	21.4469	77°53′21.72″	21.4576	77°53′0.63″	21.4683
77°50′54.04″	21.5325	77°50′32.94″	21.5432	77°50′11.84″	21.5539	77°49′50.74″	21.5646	77°49′29.64″	21.5753
77°47′23.03″	21.6395	77°47′1.92″	21.6502	77°46′40.82″	21.6610	77°46′19.71″	21.6717	77°45′58.61″	21.6824
77°43′51.96″	21.7467	77°43′30.85″	21.7574	77°43′9.75″	21.7681	77°42′48.64″	21.7788	77°42′27.53″	21.7895
77°40′20.85″	21.8539	77°39′59.74″	21.8646	77°39′38.63″	21.8753	77°39′17.51″	21.8861	77°38′56.4″	21.8968
77°36′49.7″	21.9612	77°36′28.58″	21.9719	77°36′7.46″	21.9826	77°35′46.34″	21.9934	77°35′25.22″	22.0041
77°33′18.49″	22.0685	77°32′57.37″	22.0793	77°32′36.25″	22.0900	77°32′15.12″	22.1007	77°31′54″	22.1115
77°29′47.24″	22.1760	77°29′26.11″	22.1867	77°29′4.99″	22.1975	77°28′43.86″	22.2082	77°28′22.73″	22.2189
77°26′15.94″	22.2835	77°25′54.81″	22.2942	77°25′33.68″	22.3050	77°25′12.54″	22.3157	77°24′51.41″	22.3265
77°22′44.59″	22.3910	77°22′23.46″	22.4018	77°22′2.32″	22.4126	77°21′41.18″	22.4233	77°21′20.04″	22.4341
77°19′13.2″	22.4987	77°18′52.06″	22.5095	77°18′30.91″	22.5202	77°18′9.77″	22.5310	77°17′48.63″	22.5418
77°15′41.75″	22.6064	77°15′20.61″	22.6172	77°14′59.46″	22.6280	77°14′38.31″	22.6387	77°14′17.16″	22.6495
77°12′10.26″	22.7142	77°11′49.11″	22.7250	77°11′27.95″	22.7356	77°11′6.8″	22.7466	77°10′45.65″	22.7574
77°8′38.71″	22.8221	77°8′17.56″	22.8329	77°7′56.4″	22.8437	77°7′35.24″	22.8545	77°7′14.08″	22.8653
77°5′7.12″	22.9300	77°4′45.96″	22.9408	77°4′24.8″	22.9516	77°4′3.63″	22.9624	77°3′42.47″	22.9732
77°1′35.48″	23.0381	77°1′14.31″	23.0489	77°0′53.14″	23.0597	77°0′31.98″	23.0705	77°0′10.81″	23.0813
76°58′3.79″	23.1462	76°57′42.61″	23.1570	76°57′21.44″	23.1678	76°57′0.27″	23.1786	76°56′39.09″	23.1894
76°54′32.04″	23.2544	76°54′10.87″	23.2652	76°53′49.69″	23.2760	76°53′28.51″	23.2868	76°53′7.33″	23.2976
76°51′0.25″	23.3626	76°50′39.07″	23.3734	76°50′17.88″	23.3843	76°49′56.7″	23.3951	76°49′35.52″	23.4059
76°47′28.4″	23.4709	76°47′7.22″	23.4818	76°46′46.03″	23.4926	76°46′24.84″	23.5035	76°46′3.65″	23.5143
76°43′56.51″	23.5794	76°43′35.32″	23.5902	76°43′14.12″	23.6011	76°42′52.93″	23.6119	76°42′31.74″	23.6228
76°40′24.56″	23.6879	76°40′3.36″	23.6987	76°39′42.17″	23.7096	76°39′20.97″	23.7204	76°38′59.77″	23.7313
76°36′52.56″	23.7964	76°36′31.36″	23.8073	76°36′10.16″	23.8182	76°35′48.95″	23.8290	76°35′27.75″	23.8399
76°33′20.51″	23.9051	76°32′59.3″	23.9160	76°32′38.1″	23.9268	76°32′16.89″	23.9377	76°31′55.68″	23.9486

弦径比/%	0 交角度数	交角坡度/%	1 交角度数	交角坡度/%	2 交角度数	交角坡度/%	3 交角度数	交角坡度/%	4 交角度数	交角坡度/%
23.30	76°31′34.47″	23.9594	76°31′13.26″	23.9703	76°30′52.05″	23.9812	76°30′30.83″	23.9921	76°30′9.62″	24.0029
23.40	76°28′2.34″	24.0682	76°27′41.12″	24.0791	76°27′19.91″	24.0900	76°26′58.69″	24.1009	76°26′37.47″	24.1117
23.50	76°24′30.16″	24.1771	76°24′8.94″	24.1880	76°23′47.72″	24.1989	76°23′26.49″	24.2097	76°23′5.27″	24.2206
23.60	76°20′57.92″	24.2860	76°20′36.7″	24.2969	76°20′15.47″	24.3078	76°19′54.24″	24.3187	76°19′33.02″	24.3296
23.70	76°17′25.64″	24.3950	76°17′4.41″	24.4059	76°16′43.17″	24.4168	76°16′21.94″	24.4277	76°16′0.71″	24.4387
23.80	76°13′53.3″	24.5041	76°13′32.06″	24.5150	76°13′10.82″	24.5260	76°12′49.58″	24.5369	76°12′28.35″	24.5478
23.90	76°10′20.9″	24.6133	76°9′59.66″	24.6242	76°9′38.42″	24.6352	76°9′17.17″	24.6461	76°8′55.93″	24.6570
24.00	76°6′48.45″	24.7226	76°6′27.21″	24.7335	76°6′5.96″	24.7444	76°5′44.71″	24.7554	76°5′23.46″	24.7663
24.10	76°3′15.96″	24.8319	76°2′54.7″	24.8429	76°2′33.45″	24.8538	76°2′12.19″	24.8647	76°1′50.94″	24.8757
24.20	75°59′43.4″	24.9414	75°59′22.14″	24.9523	75°59′0.88″	24.9632	75°58′39.62″	24.9742	75°58′18.36″	24.9851
24.30	75°56′10.79″	25.0509	75°55′49.52″	25.0618	75°55′28.26″	25.0728	75°56′6.99″	25.0837	75°54′45.73″	25.0947
24.40	75°52′38.12″	25.1605	75°52′16.85″	25.1714	75°51′55.58″	25.1824	75°51′34.31″	25.1934	75°51′13.04″	25.2043
24.50	75°49′5.4″	25.2702	75°48′44.12″	25.2811	75°48′22.85″	25.2921	75°48′1.57″	25.3031	75°47′40.29″	25.3141
24.60	75°45′32.62″	25.3799	75°45′11.34″	25.3909	75°44′50.06″	25.4019	75°44′28.78″	25.4129	75°44′7.5″	25.4239
24.70	75°41′59.79″	25.4898	75°41′38.5″	25.5008	75°41′17.22″	25.5118	75°40′55.93″	25.5228	75°40′34.64″	25.5338
24.80	75°38′26.9″	25.5997	75°38′5.61″	25.6107	75°37′44.32″	25.6217	75°37′23.02″	25.6327	75°37′1.73″	25.6437
24.90	75°34′53.96″	25.7098	75°34′32.66″	25.7208	75°34′11.36″	25.7318	75°33′50.06″	25.7428	75°33′28.76″	25.7538
25.00	75°31′20.96″	25.8199	75°30′59.65″	25.8309	75°30′38.35″	25.8419	75°30′17.04″	25.8529	75°29′55.74″	25.8640

5		6		7		8		9	
交角度数	交角坡度/%	交角度数	交角坡度/%	交角度数	交角坡度/%	交角度数	交角坡度/%	交角度数	交角坡度/%
76°29′48.41″	24.0138	76°29′27.2″	24.0247	76°29′5.98″	24.0356	76°28′44.77″	24.0465	76°28′23.55″	24.0573
76°26′16.26″	24.1226	76°25′55.04″	24.1335	76°25′33.82″	24.1444	76°25′12.6″	24.1553	76°24′51.38″	24.1662
76°22′44.05″	24.2315	76°22′22.82″	24.2424	76°22′1.6″	24.2533	76°21′40.38″	24.2642	76°21′19.15″	24.2751
76°19′11.79″	24.3405	76°18′50.56″	24.3514	76°18′29.33″	24.3523	76°18′8.1″	24.3732	76°17′46.87″	24.3841
76°15′39.47″	24.4496	76°15′18.24″	24.4605	76°14′57″	24.4714	76°14′35.77″	24.4823	76°14′14.53″	24.4932
76°12′7.11″	24.5587	76°11′45.87″	24.5696	76°11′24.63″	24.5805	76°11′3.39″	24.5915	76°10′42.14″	24.6024
76°8′34.69″	24.6679	76°8′13.44″	24.6789	76°7′52.19″	24.6898	76°7′30.95″	24.7007	76°7′9.7″	24.7116
76°5′2.21″	24.7772	76°4′40.96″	24.7882	76°4′19.71″	24.7991	76°3′58.46″	24.8100	76°3′37.21″	24.8210
76°1′29.68″	24.8866	76°1′8.43″	24.8976	76°0′47.17″	24.9085	76°0′25.91″	24.9195	76°0′4.65″	24.9304
75°57′57.1″	24.9961	75°57′35.84″	25.0071	75°57′14.57″	25.0180	75°56′53.31″	25.0290	75°56′32.05″	25.0399
75°54′24.46″	25.1057	75°54′3.19″	25.1166	75°53′41.93″	25.1276	75°53′20.66″	25.1385	75°52′59.39″	25.1495
75°50′51.77″	25.2153	75°50′30.49″	25.2263	75°50′9.22″	25.2372	75°49′47.95″	25.2482	75°49′26.67″	25.2592
75°47′19.02″	25.3250	75°46′57.74″	25.3360	75°46′36.46″	25.3470	75°46′15.18″	25.3580	75°45′53.9″	25.3689
75°43′46.21″	25.4348	75°43′24.93″	25.4458	75°43′3.65″	25.4568	75°42′42.36″	25.4678	75°42′21.08″	25.4788
75°40′13.35″	25.5448	75°39′52.06″	25.5557	75°39′30.77″	25.5667	75°39′9.48″	25.5777	75°38′48.19″	25.5887
75°36′40.44″	25.6547	75°36′19.14″	25.6657	75°35′57.85″	25.6767	75°35′36.55″	25.6878	75°35′15.25″	25.6988
75°33′7.46″	25.7648	75°32′46.16″	25.7758	75°32′24.86″	25.7868	75°32′3.56″	25.7979	75°31′42.26″	25.8089
75°29′34.43″	25.8750	75°29′13.13″	25.8860	75°28′51.82″	25.8970	75°28′30.51″	25.9080	75°28′9.21″	25.9191

表十一　圆木用表（三）

坡度 弦长 半径	3 坡度/%	3.5 坡度/%	4 坡度/%	4.5 坡度/%	5 坡度/%	5.5 坡度/%	6 坡度/%	6.5 坡度/%	7 坡度/%	7.5 坡度/%
5	31.4485	37.3632	43.6436	50.3903	57.7350	65.8553	75.0000	85.5337	98.0196	113.3893
6	25.8199	30.4925	35.3553	40.4520	45.8349	51.5688	57.7350	64.4386	71.8185	80.0641
7	21.9382	25.8199	29.8142	33.9441	38.2360	42.7205	47.4342	52.4211	57.7350	63.4432
8	19.0885	22.4179	25.8199	29.3080	32.8976	36.6057	40.4520	44.4591	48.6534	53.0662
9	16.9031	19.8228	22.7921	25.8199	28.9157	32.0903	35.3553	38.7241	42.2116	45.8349
10	15.1717	17.7743	20.4124	23.0921	25.8199	28.6028	31.4485	34.3656	37.3632	40.4520
11	13.7649	16.1143	18.4900	20.8964	23.3380	25.8199	28.3473	30.9261	33.5624	36.2632
12	12.5988	14.7409	16.9031	19.0885	21.3007	23.5432	25.8199	28.1348	30.4925	32.8976
13	11.6160	13.5852	15.5700	17.5729	19.5965	21.6436	23.7171	25.8199	27.9553	30.1268
14	10.7763	12.5988	14.4338	16.2831	18.1489	20.0331	21.9382	23.8663	25.8199	27.8016
15	10.0504	11.7469	13.4535	15.1717	16.9031	18.6494	20.4124	22.1939	23.9957	25.8199
16	9.4165	11.0035	12.5988	14.2036	15.8193	17.4471	19.0885	20.7450	22.4179	24.1090
17	8.8581	10.3491	11.8470	13.3528	14.8675	16.3924	17.9284	19.4769	21.0390	22.6159
18	8.3624	9.7685	11.1803	12.5988	14.0248	15.4593	16.9031	18.3573	19.8228	21.3007
19	7.9195	9.2498	10.5851	11.9260	13.2733	14.6277	15.9901	17.3611	18.7418	20.1329
20	7.5212	8.7837	10.0504	11.3219	12.5988	13.8819	15.1717	16.4689	17.7743	19.0885
21	7.1611	8.3624	9.5673	10.7763	11.9900	13.2090	14.4338	15.6649	16.9031	18.1489
22	6.8341	7.9798	9.1287	10.2812	11.4377	12.5988	13.7649	14.9366	16.1143	17.2986
23	6.5357	7.6308	8.7287	9.8298	10.9344	12.0429	13.1559	14.2737	15.3967	16.5255
24	6.2622	7.3111	8.3624	9.4165	10.4736	11.5343	12.5988	13.6676	14.7409	15.8193
25	6.0108	7.0172	8.0257	9.0367	10.0504	11.0672	12.0873	13.1113	14.1393	15.1717
26	5.7789	6.7461	7.7152	8.6864	9.6601	10.6366	11.6160	12.5988	13.5852	14.5755
27	5.5641	6.4951	7.4278	8.3624	9.2992	10.2384	11.1803	12.1252	13.0733	14.0248
28	5.3648	6.2622	7.1611	8.0618	8.9644	9.8691	10.7763	11.6861	12.5988	13.5146
29	5.1793	6.0455	6.9130	7.7821	8.6529	9.5257	10.4006	11.2779	12.1578	13.0405
30	5.0063	5.8433	6.6815	7.5212	8.3624	9.2054	10.0504	10.8975	11.7469	12.5988
31	4.8444	5.6542	6.4651	7.2773	8.0909	8.9061	9.7231	10.5420	11.3630	12.1863
32	4.6927	5.4769	6.2622	7.0487	7.8365	8.6257	9.4165	10.2090	11.0035	11.8002
33	4.5502	5.3105	6.0718	6.8341	7.5976	8.3624	9.1287	9.8966	10.6662	11.4377
34	4.4161	5.1539	5.8926	6.6322	7.3729	8.1148	8.8581	9.6028	10.3491	11.0971
35	4.2897	5.0063	5.7236	6.4419	7.1611	7.8815	8.6031	9.3260	10.0504	10.7763
36	4.1703	4.8669	5.5641	6.2622	6.9613	7.6613	8.3624	9.0648	9.7685	10.4736
37	4.0574	4.7350	5.4133	6.0924	6.7722	7.4530	8.1349	8.8179	9.5021	10.1876

8	8.5	9	9.5	10	10.5	11	11.5	12	12.5	13
坡度/%	坡度/%	坡度/%	坡度/%	坡度/%	坡度/%	坡度/%	坡度/%	坡度/%	坡度/%	坡度/%
133.3333	161.3569	206.4742	304.2435	/	/	/	/	/	/	/
89.4427	100.3478	113.3893	129.5789	150.7557	180.7392	229.3659	335.4895	/	/	/
69.6311	76.4093	83.9254	92.3812	102.0621	113.3893	127.0171	144.0316	166.4101	198.2629	250.1851
57.7350	62.7054	68.0336	73.7899	80.0641	86.9731	94.6729	103.3773	113.3893	125.1565	139.3746
49.6139	53.5715	57.7350	62.1366	66.8153	71.8185	77.2049	83.0482	89.4427	96.5114	104.4185
43.6436	46.9513	50.3903	53.9781	57.7350	61.6847	65.8553	70.2802	75.0000	80.0641	85.5337
39.0360	41.8892	44.8322	47.8755	51.0310	54.3124	57.7350	61.3170	65.0791	69.0460	73.2467
35.3553	37.8714	40.4520	43.1040	45.8349	48.6534	51.5688	54.5920	57.7350	61.0119	64.4386
32.3381	34.5932	36.8964	39.2525	41.6667	44.1445	46.6924	49.3172	52.0266	54.8293	57.7350
29.8142	31.8607	33.9441	36.0680	38.2360	40.4520	42.7205	45.0461	47.4342	49.8904	52.4211
27.6686	29.5440	31.4485	33.3847	35.3553	37.3632	39.4116	41.5038	43.6436	45.8349	48.0822
25.8199	27.5523	29.3080	31.0891	32.8976	34.7357	36.6057	38.5102	40.4520	42.4339	44.4591
24.2091	25.8199	27.4497	29.1002	30.7729	32.4695	34.1918	35.9419	37.7217	39.5334	41.3795
22.7921	24.2981	25.8199	27.3587	28.9157	30.4925	32.0903	33.7107	35.3553	37.0259	38.7241
21.5353	22.9499	24.3778	25.8199	27.2772	28.7509	30.2422	31.7521	33.2820	34.8333	36.4073
20.4124	21.7467	23.0921	24.4496	25.8199	27.2040	28.6028	30.0173	31.4485	32.8976	34.3656
19.4029	20.6657	21.9382	23.2209	24.5145	25.8199	27.1378	28.4689	29.8142	31.1746	32.5509
18.4900	19.6891	20.8964	22.1125	23.3380	24.5736	25.8199	27.0776	28.3473	29.6299	30.9261
17.6604	18.8020	19.9508	21.1072	22.2718	23.4450	24.6276	25.8199	27.0226	28.2364	29.4619
16.9031	17.9927	19.0885	20.1911	21.3007	22.4179	23.5432	24.6770	25.8199	26.9723	28.1348
16.2088	17.2511	18.2989	19.3525	20.4124	21.4790	22.5525	23.6336	24.7226	25.8199	26.9260
15.5700	16.5690	17.5729	18.5820	19.5965	20.6170	21.6436	22.6769	23.7171	24.7646	25.8199
14.9801	15.9394	16.9031	17.8713	18.8445	19.8228	20.8066	21.7963	22.7921	23.7944	24.8036
14.4338	15.3565	16.2831	17.2138	18.1489	19.0885	20.0331	20.9829	21.9382	22.8992	23.8663
13.9262	14.8151	15.7075	16.6035	17.5035	18.4076	19.3161	20.2292	21.1472	22.0704	22.9989
13.4535	14.3110	15.1717	16.0356	16.9031	17.7743	18.6494	19.5287	20.4124	21.3007	22.1939
13.0120	13.8404	14.6715	15.5057	16.3430	17.1837	18.0279	18.8759	19.7279	20.5840	21.4444
12.5988	13.4000	14.2036	15.0100	15.8193	16.6316	17.4471	18.2661	19.0885	19.9148	20.7450
12.2113	12.9869	13.7649	14.5454	15.3285	16.1143	16.9031	17.6949	18.4900	19.2885	20.0906
11.8470	12.5988	13.3528	14.1090	14.8675	15.6286	16.3924	17.1589	17.9284	18.7010	19.4769
11.5039	12.2334	12.9647	13.6982	14.4338	15.1717	15.9120	16.6549	17.4004	18.1489	18.9002
11.1803	11.8887	12.5988	13.3108	14.0248	14.7409	15.4593	16.1799	16.9031	17.6288	18.3573
10.8745	11.5630	12.2531	12.9450	13.6386	14.3342	15.0319	15.7317	16.4337	17.1382	17.8451

坡度 弦长	3	3.5	4	4.5	5	5.5	6	6.5	7	7.5
半径	坡度/%	坡度/%	坡度/%	坡度/%	坡度/%	坡度/%	坡度/%	坡度/%	坡度/%	坡度/%
38	3.9504	4.6102	5.2705	5.9315	6.5932	7.2559	7.9195	8.5841	9.2498	9.9168
39	3.8490	4.4917	5.1350	5.7789	6.4235	7.0689	7.7152	8.3624	9.0107	9.6601
40	3.7526	4.3792	5.0063	5.6339	6.2622	6.8913	7.5212	8.1520	8.7837	9.4165
41	3.6610	4.2722	4.8839	5.4961	6.1089	6.7225	7.3367	7.9519	8.5679	9.1848
42	3.5737	4.1703	4.7673	5.3648	5.9630	6.5617	7.1611	7.7614	8.3624	8.9644
43	3.4905	4.0731	4.6562	5.2397	5.8238	6.4085	6.9938	7.5798	8.1666	8.7543
44	3.4111	3.9804	4.5502	5.1203	5.6910	6.2622	6.8341	7.4066	7.9798	8.5539
45	3.3352	3.8918	4.4488	5.0063	5.5641	6.1226	6.6815	7.2411	7.8014	8.3624
46	3.2626	3.8071	4.3519	4.8972	5.4428	5.9890	6.5357	7.0829	7.6308	8.1794
47	3.1931	3.7260	4.2592	4.7927	5.3267	5.8611	6.3960	6.9315	7.4675	8.0042
48	3.1265	3.6483	4.1703	4.6927	5.2154	5.7386	6.2622	6.7864	7.3111	7.8365
49	3.0627	3.5737	4.0850	4.5967	5.1087	5.6211	6.1340	6.6473	7.1611	7.6756
50	3.0014	3.5021	4.0032	4.5046	5.0063	5.5083	6.0108	6.5138	7.0172	7.5212
51	2.9424	3.4334	3.9246	4.4161	4.9079	5.4000	5.8926	6.3855	6.8790	7.3729
52	2.8858	3.3673	3.8490	4.3310	4.8133	5.2959	5.7789	6.2622	6.7461	7.2304
53	2.8313	3.3037	3.7763	4.2491	4.7222	5.1957	5.6695	6.1436	6.6182	7.0932
54	2.7789	3.2424	3.7062	4.1703	4.6346	5.0992	5.5641	6.0294	6.4951	6.9613
55	2.7283	3.1834	3.6388	4.0943	4.5502	5.0063	5.4627	5.9194	6.3766	6.8341
56	2.6795	3.1265	3.5737	4.0211	4.4687	4.9166	5.3648	5.8134	6.2622	6.7115
57	2.6325	3.0716	3.5109	3.9504	4.3902	4.8302	5.2705	5.7110	6.1520	6.5932
58	2.5871	3.0186	3.4503	3.8822	4.3144	4.7467	5.1793	5.6123	6.0455	6.4791
59	2.5432	2.9674	3.3918	3.8163	4.2411	4.6661	5.0913	5.5169	5.9427	6.3688
60	2.5008	2.9179	3.3352	3.7526	4.1703	4.5882	5.0063	5.4246	5.8433	6.2622
61	2.4598	2.8700	3.2805	3.6910	4.1018	4.5128	4.9240	5.3354	5.7472	6.1592
62	2.4201	2.8237	3.2275	3.6314	4.0355	4.4399	4.8444	5.2492	5.6542	6.0595
63	2.3816	2.7789	3.1762	3.5737	3.9714	4.3692	4.7673	5.1656	5.5641	5.9630
64	2.3444	2.7354	3.1265	3.5178	3.9092	4.3008	4.6927	5.0847	5.4769	5.8695
65	2.3083	2.6933	3.0784	3.4636	3.8490	4.2346	4.6203	5.0063	5.3924	5.7789
66	2.2733	2.6524	3.0317	3.4111	3.7906	4.1703	4.5502	4.9302	5.3105	5.6910
67	2.2394	2.6128	2.9864	3.3601	3.7339	4.1079	4.4821	4.8565	5.2310	5.6058
68	2.2064	2.5744	2.9424	3.3106	3.6790	4.0474	4.4161	4.7849	5.1539	5.5231
69	2.1744	2.5370	2.8998	3.2626	3.6256	3.9887	4.3519	4.7154	5.0790	5.4428
70	2.1433	2.5008	2.8583	3.2159	3.5737	3.9316	4.2897	4.6479	5.0063	5.3648
71	2.1131	2.4655	2.8180	3.1706	3.5233	3.8761	4.2291	4.5823	4.9356	5.2891
72	2.0838	2.4313	2.7789	3.1265	3.4743	3.8222	4.1703	4.5185	4.8669	5.2154

8	8.5	9	9.5	10	10.5	11	11.5	12	12.5	13
坡度/%	坡度/%	坡度/%	坡度/%	坡度/%	坡度/%	坡度/%	坡度/%	坡度/%	坡度/%	坡度/%
10.5851	11.2548	11.9260	12.5988	13.2733	13.9496	14.6277	15.3078	15.9901	16.6744	17.3611
10.3108	10.9627	11.6160	12.2708	12.9272	13.5852	14.2449	14.9065	15.5700	16.2355	16.9031
10.0504	10.6855	11.3219	11.9596	12.5988	13.2395	13.8819	14.5259	15.1717	15.8193	16.4689
9.8029	10.4220	11.0423	11.6639	12.2868	12.9112	13.5370	14.1644	14.7934	15.4242	16.0567
9.5673	10.1713	10.7763	11.3826	11.9900	12.5988	13.2090	13.8206	14.4338	15.0485	15.6649
9.3428	9.9324	10.5229	11.1145	11.7073	12.3013	12.8966	13.4933	14.0913	14.6909	15.2920
9.1287	9.7045	10.2812	10.8589	11.4377	12.0177	12.5988	13.1812	13.7649	14.3501	14.9366
8.9242	9.4868	10.0504	10.6149	11.1803	11.7469	12.3145	12.8834	13.4535	14.0248	14.5975
8.7287	9.2788	9.8298	10.3816	10.9344	11.4881	12.0429	12.5988	13.1559	13.7141	14.2737
8.5416	9.0798	9.6187	10.1584	10.6990	11.2406	11.7831	12.3266	12.8713	13.4170	13.9640
8.3624	8.8891	9.4165	9.9446	10.4736	11.0035	11.5343	12.0661	12.5988	13.1326	13.6676
8.1906	8.7063	9.2226	9.7397	10.2576	10.7763	11.2959	11.8163	12.3377	12.8601	13.3836
8.0257	8.5309	9.0367	9.5432	10.0504	10.5584	11.0672	11.5768	12.0873	12.5988	13.1113
7.8674	8.3624	8.8581	9.3544	9.8514	10.3491	10.8476	11.3469	11.8470	12.3480	12.8499
7.7152	8.2005	8.6864	9.1730	9.6601	10.1480	10.6366	11.1259	11.6160	12.1070	12.5988
7.5688	8.0448	8.5213	8.9985	9.4762	9.9546	10.4337	10.9135	11.3940	11.8753	12.3574
7.4278	7.8949	8.3624	8.8305	9.2992	9.7685	10.2384	10.7090	11.1803	11.6524	12.1252
7.2920	7.7504	8.2093	8.6688	9.1287	9.5892	10.0504	10.5122	10.9746	11.4377	11.9016
7.1611	7.6112	8.0618	8.5128	8.9644	9.4165	9.8691	10.3224	10.7763	11.2309	11.6861
7.0349	7.4770	7.9195	8.3624	8.8059	9.2498	9.6944	10.1394	10.5851	11.0314	11.4784
6.9130	7.3473	7.7821	8.2173	8.6529	9.0890	9.5257	9.9629	10.4006	10.8390	11.2779
6.7953	7.2222	7.6494	8.0771	8.5052	8.9337	9.3628	9.7924	10.2225	10.6532	11.0844
6.6815	7.1012	7.5212	7.9416	8.3624	8.7837	9.2054	9.6276	10.0504	10.4736	10.8975
6.5715	6.9842	7.3972	7.8106	8.2244	8.6386	9.0533	9.4684	9.8840	10.3001	10.7168
6.4651	6.8710	7.2773	7.6839	8.0909	8.4983	8.9061	9.3143	9.7231	10.1323	10.5420
6.3620	6.7614	7.1611	7.5612	7.9616	8.3624	8.7636	9.1652	9.5673	9.9698	10.3728
6.2622	6.6553	7.0487	7.4424	7.8365	8.2309	8.6257	9.0209	9.4165	9.8125	10.2090
6.1655	6.5525	6.9397	7.3273	7.7152	8.1034	8.4920	8.8810	9.2703	9.6601	10.0504
6.0718	6.4528	6.8341	7.2157	7.5976	7.9798	8.3624	8.7454	9.1287	9.5124	9.8966
5.9808	6.3561	6.7316	7.1074	7.4836	7.8600	8.2368	8.6139	8.9913	9.3692	9.7475
5.8926	6.2622	6.6322	7.0024	7.3729	7.7437	8.1148	8.4863	8.8581	9.2302	9.6028
5.8069	6.1711	6.5357	6.9004	7.2655	7.6308	7.9965	8.3624	8.7287	9.0954	9.4624
5.7236	6.0826	6.4419	6.8014	7.1611	7.5212	7.8815	8.2421	8.6031	8.9644	9.3260
5.6428	5.9967	6.3508	6.7052	7.0598	7.4147	7.7698	8.1253	8.4810	8.8371	9.1935
5.5641	5.9131	6.2622	6.6116	6.9613	7.3111	7.6613	8.0117	8.3624	8.7134	9.0648

坡度 弦长 半径	3 坡度/%	3.5 坡度/%	4 坡度/%	4.5 坡度/%	5 坡度/%	5.5 坡度/%	6 坡度/%	6.5 坡度/%	7 坡度/%	7.5 坡度/%
73	2.0552	2.3979	2.7408	3.0837	3.4267	3.7698	4.1131	4.4565	4.8000	5.1438
74	2.0274	2.3655	2.7037	3.0419	3.3803	3.7188	4.0574	4.3961	4.7350	5.0741
75	2.0004	2.3340	2.6676	3.0014	3.3352	3.6691	4.0032	4.3374	4.6718	5.0063
76	1.9741	2.3032	2.6325	2.9618	3.2913	3.6208	3.9504	4.2802	4.6102	4.9402
77	1.9484	2.2733	2.5983	2.9233	3.2485	3.5737	3.8991	4.2245	4.5502	4.8759
78	1.9234	2.2442	2.5649	2.8858	3.2068	3.5278	3.8490	4.1703	4.4917	4.8133
79	1.8991	2.2157	2.5325	2.8493	3.1661	3.4831	3.8002	4.1174	4.4347	4.7522
80	1.8753	2.1880	2.5008	2.8136	3.1265	3.4395	3.7526	4.0659	4.3792	4.6927
81	1.8522	2.1610	2.4699	2.7789	3.0879	3.3970	3.7062	4.0156	4.3250	4.6346
82	1.8296	2.1346	2.4398	2.7449	3.0502	3.3555	3.6610	3.9665	4.2722	4.5780
83	1.8075	2.1089	2.4103	2.7118	3.0134	3.3151	3.6168	3.9187	4.2206	4.5227
84	1.7860	2.0838	2.3816	2.6795	2.9775	3.2756	3.5737	3.8719	4.1703	4.4687
85	1.7650	2.0593	2.3536	2.6480	2.9424	3.2370	3.5316	3.8263	4.1211	4.4161
86	1.7445	2.0353	2.3262	2.6172	2.9082	3.1993	3.4905	3.7818	4.0731	4.3646
87	1.7244	2.0119	2.2995	2.5871	2.8748	3.1625	3.4503	3.7382	4.0262	4.3144
88	1.7048	1.9890	2.2733	2.5577	2.8421	3.1265	3.4111	3.6957	3.9804	4.2652
89	1.6856	1.9667	2.2478	2.5289	2.8101	3.0914	3.3727	3.6541	3.9356	4.2172
90	1.6669	1.9448	2.2228	2.5008	2.7789	3.0570	3.3352	3.6135	3.8918	4.1703
91	1.6486	1.9234	2.1983	2.4733	2.7483	3.0234	3.2985	3.5737	3.8490	4.1244
92	1.6307	1.9025	2.1744	2.4464	2.7184	2.9905	3.2626	3.5348	3.8071	4.0795
93	1.6131	1.8821	2.1510	2.4201	2.6891	2.9583	3.2275	3.4968	3.7661	4.0355
94	1.5959	1.8620	2.1281	2.3943	2.6605	2.9268	3.1931	3.4595	3.7260	3.9925
95	1.5791	1.8424	2.1057	2.3691	2.6325	2.8960	3.1595	3.4231	3.6867	3.9504
96	1.5627	1.8232	2.0838	2.3444	2.6051	2.8658	3.1265	3.3874	3.6483	3.9092
97	1.5466	1.8044	2.0623	2.3202	2.5782	2.8362	3.0943	3.3524	3.6106	3.8689
98	1.5308	1.7860	2.0412	2.2965	2.5519	2.8072	3.0627	3.3182	3.5737	3.8293
99	1.5153	1.7680	2.0206	2.2733	2.5261	2.7789	3.0317	3.2846	3.5376	3.7906
100	1.5002	1.7503	2.0004	2.2506	2.5008	2.7510	3.0014	3.2517	3.5021	3.7526

8	8.5	9	9.5	10	10.5	11	11.5	12	12.5	13
坡度/%	坡度/%	坡度/%	坡度/%	坡度/%	坡度/%	坡度/%	坡度/%	坡度/%	坡度/%	坡度/%
5.4877	5.8318	6.1761	6.5207	6.8654	7.2105	7.5557	7.9013	8.2471	8.5932	8.9396
5.4133	5.7527	6.0924	6.4322	6.7722	7.1125	7.4530	7.7938	8.1349	8.4762	8.8179
5.3409	5.6758	6.0108	6.3461	6.6815	7.0172	7.3531	7.6893	8.0257	8.3624	8.6994
5.2705	5.6009	5.9315	6.2622	6.5932	6.9244	7.2559	7.5875	7.9195	8.2516	8.5841
5.2018	5.5279	5.8542	6.1806	6.5072	6.8341	7.1611	7.4884	7.8160	8.1438	8.4718
5.1350	5.4568	5.7789	6.1011	6.4235	6.7461	7.0689	7.3919	7.7152	8.0387	8.3624
5.0698	5.3875	5.7055	6.0236	6.3418	6.6603	6.9790	7.2978	7.6169	7.9363	8.2558
5.0063	5.3200	5.6339	5.9480	6.2622	6.5767	6.8913	7.2061	7.5212	7.8365	8.1520
4.9443	5.2542	5.5641	5.8743	6.1846	6.4951	6.8058	7.1167	7.4278	7.7391	8.0507
4.8839	5.1899	5.4961	5.8024	6.1089	6.4156	6.7225	7.0295	7.3367	7.6442	7.9519
4.8249	5.1272	5.4297	5.7323	6.0351	6.3380	6.6411	6.9444	7.2479	7.5516	7.8555
4.7673	5.0660	5.3648	5.6638	5.9630	6.2622	6.5617	6.8613	7.1611	7.4612	7.7614
4.7111	5.0063	5.3016	5.5970	5.8926	6.1883	6.4842	6.7802	7.0765	7.3729	7.6695
4.6562	4.9479	5.2397	5.5317	5.8238	6.1161	6.4085	6.7010	6.9938	7.2867	7.5798
4.6026	4.8909	5.1793	5.4679	5.7566	6.0455	6.3345	6.6237	6.9130	7.2025	7.4922
4.5502	4.8352	5.1203	5.4056	5.6910	5.9766	6.2622	6.5481	6.8341	7.1203	7.4066
4.4989	4.7807	5.0627	5.3447	5.6269	5.9092	6.1916	6.4742	6.7569	7.0399	7.3229
4.4488	4.7275	5.0063	5.2851	5.5641	5.8433	6.1226	6.4020	6.6815	6.9613	7.2411
4.3999	4.6754	4.9511	5.2269	5.5028	5.7789	6.0550	6.3313	6.6078	6.8844	7.1611
4.3519	4.6245	4.8972	5.1699	5.4428	5.7158	5.9890	6.2622	6.5357	6.8092	7.0829
4.3051	4.5747	4.8444	5.1142	5.3841	5.6542	5.9243	6.1946	6.4651	6.7357	7.0064
4.2592	4.5259	4.7927	5.0597	5.3267	5.5938	5.8611	6.1285	6.3960	6.6637	6.9315
4.2143	4.4782	4.7422	5.0063	5.2705	5.5348	5.7992	6.0637	6.3284	6.5932	6.8582
4.1703	4.4314	4.6927	4.9540	5.2154	5.4769	5.7386	6.0004	6.2622	6.5243	6.7864
4.1272	4.3857	4.6442	4.9028	5.1615	5.4203	5.6792	5.9383	6.1974	6.4567	6.7161
4.0850	4.3408	4.5967	4.8526	5.1087	5.3648	5.6211	5.8775	6.1340	6.3906	6.6473
4.0437	4.2969	4.5502	4.8035	5.0570	5.3105	5.5641	5.8179	6.0718	6.3257	6.5799
4.0032	4.2538	4.5046	4.7554	5.0063	5.2573	5.5083	5.7595	6.0108	6.2622	6.5138